세밀화로 그린 보리 어린이

바닷물고기
도감

세밀화로 그린 보리 어린이

바닷물고기 도감 (보급판)

글 명정구
그림 조광현

초판 편집 김종현, 박민애, 송춘남
디자인 이안디자인

기획실 김소영, 김수연, 김용란 | **디자인** 한아람 | **제작** 심준엽
영업마케팅 김현정, 심규완, 양병희 | **영업관리** 안명선 | **새사업부** 조서연
경영지원실 노명아, 신종호, 차수민 | **인쇄** (주)로얄프로세스 | **제본** 과성제책

초판 1쇄 펴낸 날 2013년 2월 25일
보급판 1쇄 펴낸 날 2016년 1월 30일 | **12쇄 펴낸 날** 2024년 9월 25일
펴낸이 유문숙
펴낸 곳 (주)도서출판 보리
출판 등록 1991년 8월 6일 제 9-279호
주소 (10881) 경기도 파주시 직지길 492
전화 영업 (031) 955-3535, 편집 (031) 950-9542 | **전송** (031) 950-9501
누리집 www.boribook.com | **전자우편** bori@boribook.com

보리는 나무 한 그루를 베어 낼 가치가 있는지 생각하며 책을 만듭니다.

ISBN 978-89-8428-906-2 76400
ISBN 978-89-8428-901-7 (세트)
이 도서의 국립중앙도서관 출판시도서목록(CIP)은 서지정보유통지원시스템 홈페이지(http://seoji.nl.go.kr)와
국가자료공동목록시스템(http://www.nl.go.kr/kolisnet)에서 이용하실 수 있습니다.
(CIP 제어번호 : CIP2015035205)

제품명 : 도서 제조지명 : (주)도서출판 보리 주소 : (10881) 경기도 파주시 직지길 492 전화번호 : (031) 955-3535
제조년월 : 2024년 9월 제조국 : 대한민국 사용연령 : 8세 이상 주의사항 : 책의 모서리가 날카로우니 다치지 않게 주의하세요.
KC마크는 이 제품이 공통안전기준에 적합하였음을 의미합니다.

세밀화로 그린 보리 어린이

바닷물고기
도감

우리 바다에 사는 바닷물고기 125종

글 명정구 | 그림 조광현

🌱 보리

일러두기

1. 이 책에는 우리 바다에 사는 바닷물고기 가운데 흔히 볼 수 있는 125종이 실려 있습니다. 물고기는 가나다 이름 순서로 실었습니다.

2. 물고기 이름 옆에 다른 이름도 써 놓았습니다. 다른 이름은 지역마다 다르게 부르는 물고기 이름입니다. 다른 이름에서 (북)이라고 쓴 글은 북녘에서 쓰는 이름이에요. 따로 없으면 남녘과 북녘이 같은 이름을 씁니다.

3. 물고기 이름과 학명, 분류는 저자 의견을 따르고《한국어도보》(정문기, 일지사, 1977)와 《한국어류대도감》(김익수 외, 교학사, 2005)을 참고했습니다.

4. 북녘 이름은《조선의 어류》(최여구, 과학원출판사, 1964),《동물원색도감》(과학백과사전출판사, 1982),《조선동물지 어류편(1, 2)》(과학기술출판사, 2006)을 참고했습니다.

5. 물고기마다 정보 상자를 따로 두어 중요한 정보를 따로 묶었습니다.

6. 책 3부에는 바닷물고기에 대해 알아야 할 설명글을 써 놓았습니다.

7. 맞춤법과 띄어쓰기는 국립 국어원 누리집에 있는《표준국어대사전》을 따랐습니다.

8. 몸길이는 주둥이 끝에서 꼬리자루까지입니다. 꼬리지느러미는 길이에 넣지 않습니다.

몸길이

9. 본문 보기

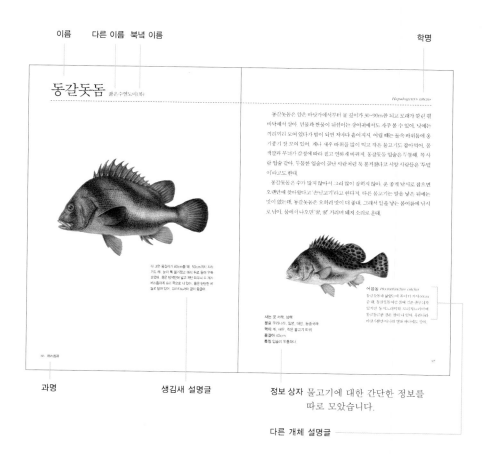

차례

그림으로 찾아보기

참다랑어 29

가다랑어 28

가숭어 30

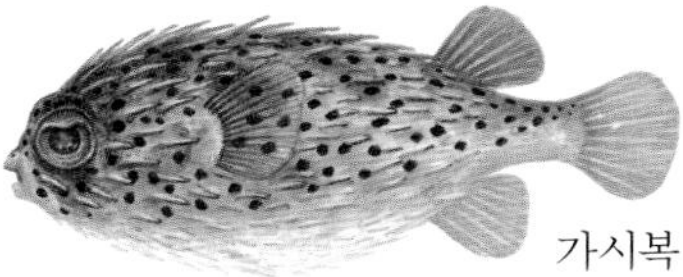

가시복 32

감성돔 36

갈치 34

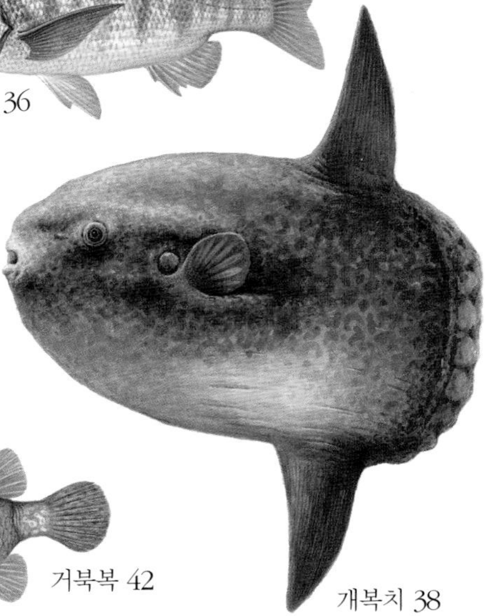

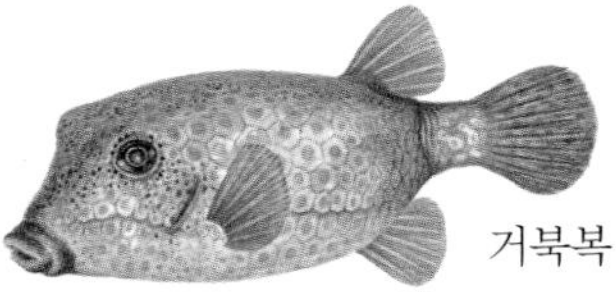

개복치 38

거북복 42

뿔복 43

갯장어 40

고등어 44

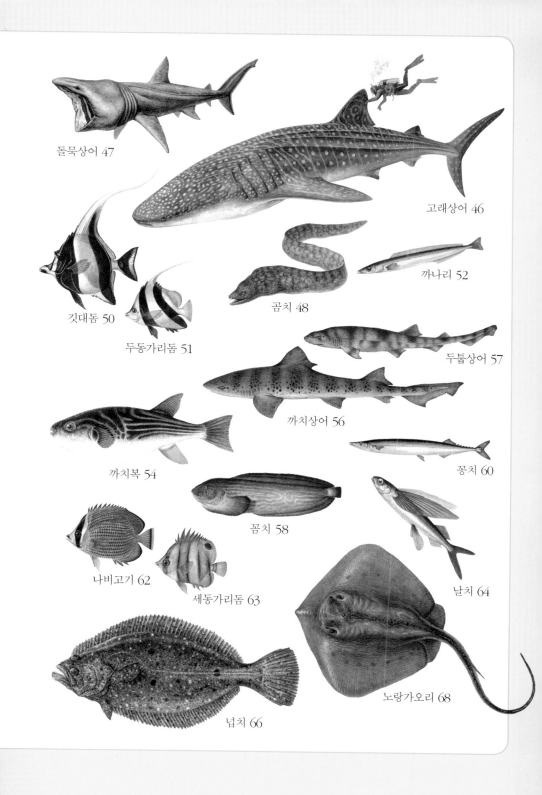

돌묵상어 47

고래상어 46

깃대돔 50

두동가리돔 51

곰치 48

까나리 52

두툽상어 57

까치상어 56

까치복 54

꽁치 60

꼼치 58

나비고기 62

세동가리돔 63

날치 64

넙치 66

노랑가오리 68

농어 70

점농어 71

능성어 72

달고기 74

민달고기 75

대구 76

도다리 78

도루묵 80

독가시치 82

돌돔 84

동갈돗돔 86

강담돔 85

어름돔 87

돛새치 88

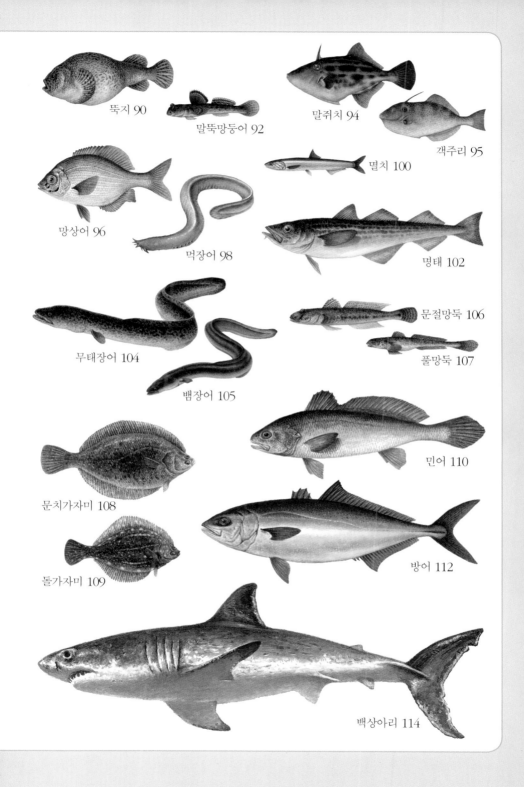

뚝지 90

말뚝망둥어 92

말쥐치 94

객주리 95

망상어 96

멸치 100

먹장어 98

명태 102

무태장어 104

문절망둑 106

풀망둑 107

뱀장어 105

문치가자미 108

민어 110

돌가자미 109

방어 112

백상아리 114

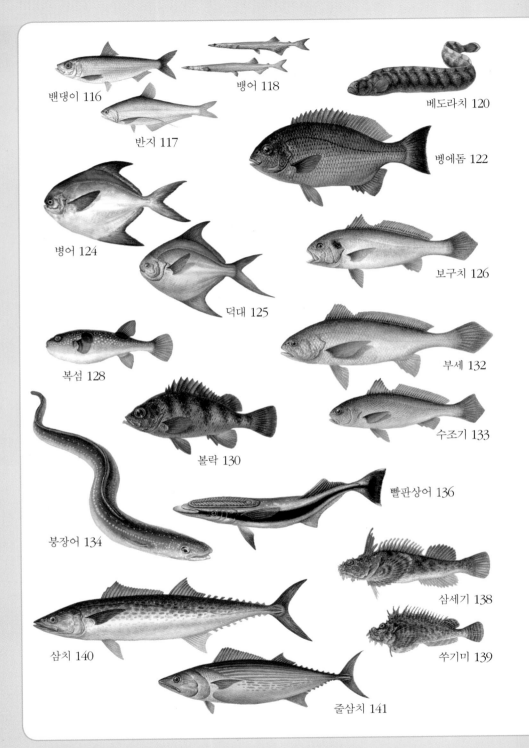

밴댕이 116

뱅어 118

반지 117

베도라치 120

벵에돔 122

병어 124

덕대 125

보구치 126

복섬 128

부세 132

볼락 130

수조기 133

빨판상어 136

붕장어 134

삼세기 138

삼치 140

쑤기미 139

줄삼치 141

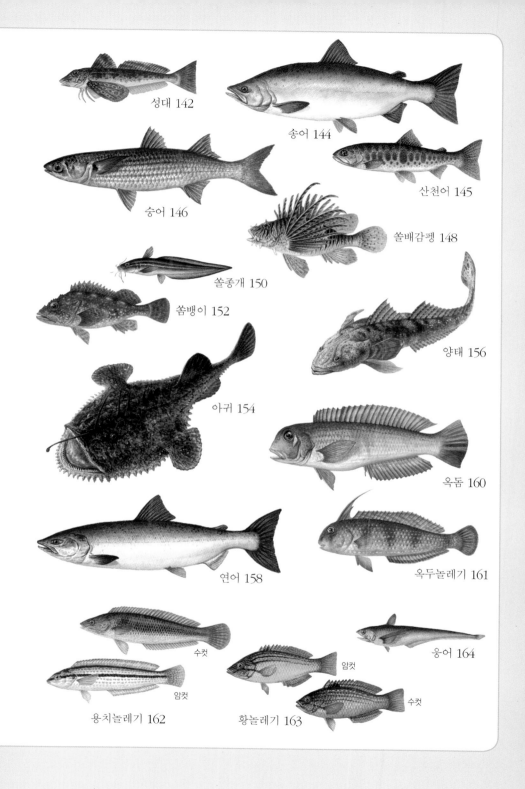

성대 142

송어 144

산천어 145

숭어 146

쏠배감펭 148

쏠종개 150

쏨뱅이 152

양태 156

아귀 154

옥돔 160

연어 158

옥두놀레기 161

수컷

암컷

용치놀래기 162

암컷

수컷

황놀래기 163

웅어 164

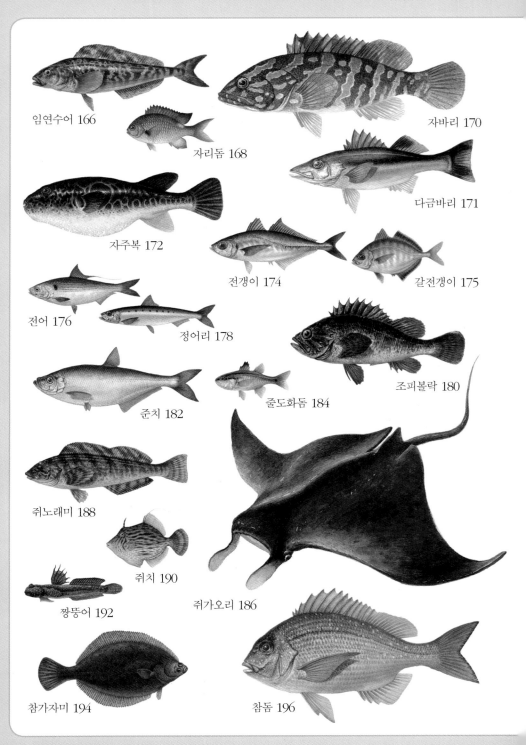

임연수어 166

자리돔 168

자바리 170

다금바리 171

자주복 172

전갱이 174

갈전갱이 175

전어 176

정어리 178

준치 182

줄도화돔 184

조피볼락 180

쥐노래미 188

쥐치 190

짱뚱어 192

쥐가오리 186

참가자미 194

참돔 196

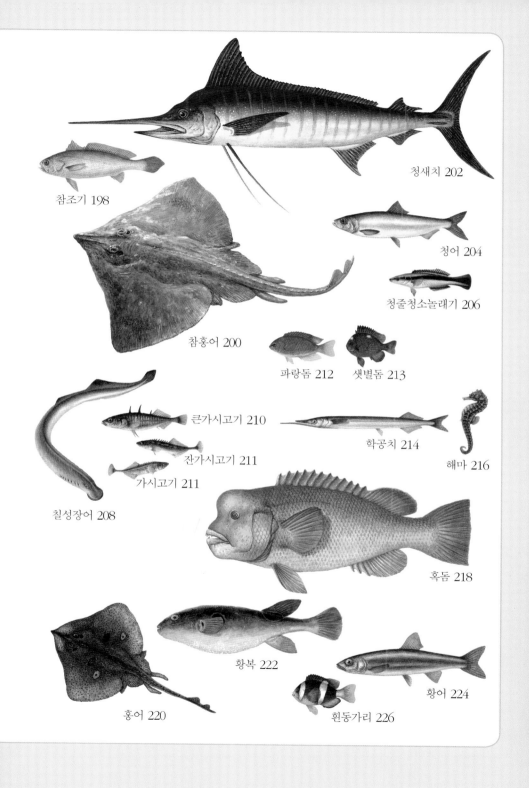

참조기 198

청새치 202

청어 204

청줄청소놀래기 206

참홍어 200

파랑돔 212　샛별돔 213

큰가시고기 210

학공치 214

잔가시고기 211

해마 216

가시고기 211

칠성장어 208

혹돔 218

황복 222

황어 224

홍어 220

흰동가리 226

우리 바다

우리나라는 동쪽, 서쪽, 남쪽으로 바다가 있어. 동해는 모래가 바닥에 쫙 깔려 있고 바닷가를 벗어나면 2,000~3,000m까지 깊어져. 서해는 질척질척한 갯벌이 넓게 펼쳐져 있고, 물이 얕아서 평균 깊이가 44m쯤 돼. 남해는 갯바위가 많고, 바닷가가 꼬불꼬불하지. 제주는 바다가 따뜻해서 산호초가 있어. 바다마다 사는 물고기도 다르고 사는 모습도 다르지.

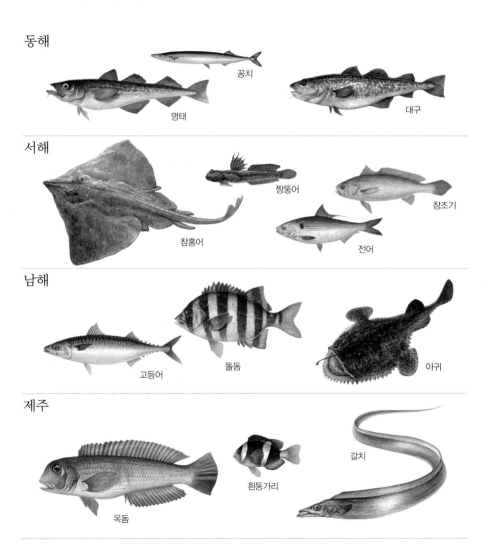

동해

꽁치

명태

대구

서해

짱뚱어

참조기

참홍어

전어

남해

고등어

돌돔

아귀

제주

갈치

옥돔

흰동가리

해류

바닷물은 가만히 고여 있지 않아. 강처럼 흐르지. 강물처럼 바닷물이 흐른다고 한자 말로 '해류'라고 해. 따뜻한 바닷물이 흐르면 '난류'라고 하고, 차가운 바닷물이 흐르면 '한류'라고 하지. 우리나라 남쪽에서는 따뜻한 바닷물이 올라오고, 북쪽에서는 차가운 바닷물이 내려와. 여름에는 따뜻한 바닷물이 더 위쪽까지 올라가고, 겨울에는 차가운 바닷물이 더 아래쪽까지 내려오지.

북한 한류

중국 연안 한류

쓰시마 난류

제주 난류

쿠로시오 난류

동해 물고기

　동해는 해가 뜨는 곳에 있는 바다야. 우리나라 동쪽에 있다고 동해지. 동해 건너편에는 섬나라 일본이 있어. 일본 건너편에는 세상에서 가장 넓은 바다인 태평양이 있지. 여름이면 남쪽 바다에서 따뜻한 물이 올라오고, 겨울이면 북쪽에서 차가운 물이 내려와. 동해는 철마다 찬물과 따뜻한 물이 오르락내리락하면서 뒤섞이는 곳이야. 그래서 동해에는 여름과 겨울에 잡히는 물고기가 달라. 겨울에는 찬물을 따라 명태, 대구, 청어 따위가 내려와. 바닷가에 떼로 몰려와서 알을 낳고 가지. 여름에는 따뜻한 물을 따라 고등어, 삼치, 꽁치, 정어리 따위가 올라와. 연어나 송어나 황어나 큰가시고기는 동해로 흐르는 강을 거슬러 올라와 알을 낳아. 깊은 바다는 늘 차가워서 차가운 물에 사는 물고기가 눌러살기도 해. 참가자미나 임연수어, 도루묵 같은 물고기 따위가 늘 눌러살지.

겨울에 남쪽으로 내려오는 물고기

명태

청어

대구

여름에 북쪽으로 올라오는 물고기

정어리

고등어

꽁치

동해는 우리나라 바다 가운데 가장 깊어. 바닷가를 따라 얕은 바다인 대륙붕이 조금 있다가 바로 절벽처럼 깎아지르듯 깊어져. 가장 깊은 곳은 울릉도에서 북쪽으로 96km 떨어진 바다로 물 깊이가 3,700m쯤 돼. 동해 바닷가는 서해나 남해 바닷가와 달리 들쭉날쭉 삐뚤빼뚤하지 않고 가지런하고 밋밋해. 또 밀물이 들어올 때와 썰물이 빠져나갈 때 차이가 많이 안 나. 그래서 서해나 남해와 달리 갯벌이 없어.

동해에는 섬이 거의 없어. 먼바다에 울릉도와 독도가 외따로 떨어져 동그마니 솟아 있을 뿐이지. 울릉도와 독도는 깊은 바닷속에서 솟아오른 커다란 산이야. 꼭대기만 물 밖으로 나와서 섬이 된 거지. 울릉도와 독도에는 달고기랑 혹돔 같은 물고기가 살고 있어.

강을 거슬러 올라오는 물고기

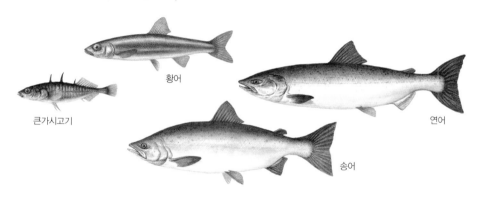

큰가시고기

황어

연어

송어

독도에 사는 물고기

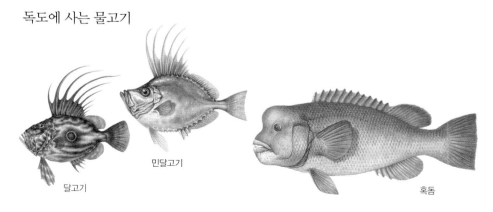

달고기

민달고기

혹돔

서해 물고기

　서해는 해가 지는 쪽에 있는 바다야. 우리나라 서쪽에 있다고 서해지. 물 색깔이 누렇다고 황해라고도 해. 바다라고 하지만 한쪽만 트여 있어. 나머지는 땅이 바다를 둘러싸고 있지. 우리나라와 중국 땅 사이가 움푹 들어가 생긴 바다야. 아주 옛날에는 땅이었는데 바닷물이 차오르면서 바다로 바뀐 거래. 그래서 물이 안 깊어. 평균 물 깊이가 44m쯤 되고 가장 깊은 곳은 가거도에서 남동쪽으로 60km 떨어진 바다로 물 깊이가 124m야. 바다치고는 얕은 바다지. 우리나라 바다 가운데 가장 얕아. 태평양 쪽에서 따뜻한 바닷물이 들어왔다가 서해를 휘돌아서 나가. 그래서 따뜻한 물에 사는 물고기들이 따라 올라왔다가 겨울이 돼서 물이 차가워지면 다시 따뜻한 남쪽 바다로 내려가지. 물론 쥐노래미처럼 눌러사는 물고기도 있고 홍어처럼 겨울에 알을 낳으러 오는 물고기도 있어. 참조기, 황복, 흰베도라치, 황해볼락 같은 물고기는 서해에서만 볼 수 있어.

철마다 바다를 오르내리는 물고기

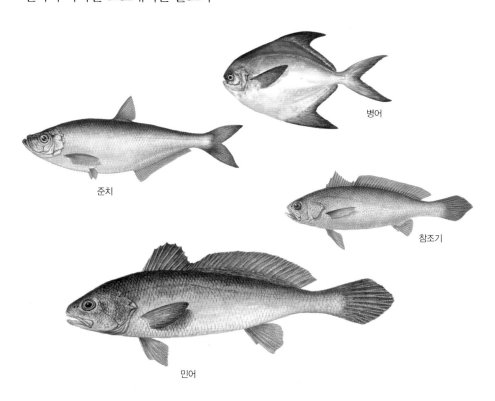

병어

준치

참조기

민어

우리나라 한강, 금강, 영산강, 압록강과 중국에 있는 황허강, 양쯔강 같은 큰 강들이 서해로 흘러들어. 서해로 흘러드는 강물이 엄청나게 많아서 동해나 남해보다 짠맛이 가장 덜하대. 민물과 짠물이 뒤섞이는 강어귀에는 먹을거리도 많거든. 그래서 물고기들이 강어귀에 많이 모여들고 강을 거슬러 올라와 알을 낳는 물고기도 있어.

서해는 밀물과 썰물이 하루에 두 번씩 오르락내리락해. 바닥이 갑자기 안 깊어지고 완만해서 밀물 때는 바닷물이 쑥 들어왔다가도 썰물 때는 가물가물 안 보일 만큼 저만치 물러나지. 또 서해 바닷가는 삐뚤빼뚤하고 움푹움푹 들어간 곳이 많아. 그곳에는 갯벌이 아주 넓게 펼쳐지지. 갯벌은 색깔이 거무튀튀하고 질척질척해서 썩은 땅 같지만 사실은 아주 기름진 땅이야. 갯벌에는 물고기뿐만 아니라 게랑 조개랑 낙지랑 갯지렁이 같은 온갖 생명들이 우글우글해.

강을 오르내리는 물고기

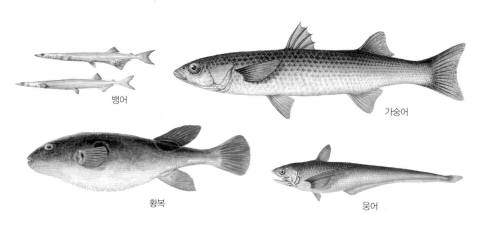

뱅어

가숭어

황복

웅어

갯벌에 사는 물고기

말뚝망둥어

짱뚱어

남해 물고기

남해는 우리나라 남쪽에 있는 바다야. 경상남도 부산에서 전라남도 진도까지 바다가 남해야. 바다 너머에 일본이 가까워. 섬이 많다고 한자말로 '다도해'라고도 해. 우리나라에 있는 섬 가운데 절반이 넘는 섬이 남해에 있어. 아주 옛날에는 산봉우리였는데 물이 차오르면서 산봉우리가 섬이 된 거래. 크고 작은 섬이 2,000개 넘게 있어. 또 남해 바닷가는 삐뚤빼뚤하고 움푹움푹 들어간 곳이 많아. 온 세계에서 이렇게 섬이 많고 바닷가가 삐뚤빼뚤한 곳이 남해 말고는 없대. 물 깊이는 100m 안팎이고 가장 깊은 곳은 마라도에서 북서쪽으로 2.3km 떨어진 바다로 물 깊이가 198m야. 동해보다 훨씬 얕고 서해보다는 조금 깊어. 서해처럼 완만하게 깊어지지. 그래서 서해보다는 썰물이 덜 빠지고 동해보다는 훨씬 많이 빠져. 남해는 물이 맑고 따뜻하니까 바닷말이 숲으로 잘 자라.

따뜻한 물에 사는 물고기

멸치

고등어

삼치

전갱이

따뜻한 먼바다를 돌아다니는 물고기

가다랑어

참다랑어

따뜻한 태평양 물이 늘 제주도를 거쳐 남해로 올라와. 우리나라와 일본 사이에 있는 대한해협을 거쳐 동해까지 올라가지. 겨울에도 물 온도가 10도 밑으로 안 내려간대. 그래서 따뜻한 물을 좋아하는 물고기들이 많아. 멸치와 고등어가 많고 갈치, 삼치, 전갱이, 방어뿐만 아니라 덩치 큰 다랑어도 떼로 몰려오지. 바닷가 갯바위에서는 돌돔이나 참돔이나 감성돔 같은 물고기가 많이 살아.

겨울에는 동해에서 차가운 물이 내려와. 대구나 청어 같은 물고기가 남해까지도 내려오지. 연어가 낙동강이나 섬진강을 따라 올라가기도 한대. 그래서 남해에는 따뜻한 물에 사는 물고기가 많지만, 겨울에는 차가운 물에 사는 물고기도 볼 수 있지. 서해에 사는 물고기도 동해에 사는 물고기도 볼 수 있어.

바닷가 갯바위에 사는 물고기

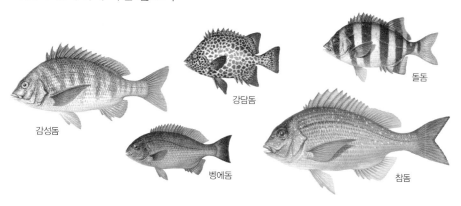

감성돔

강담돔

돌돔

벵에돔

참돔

독가시를 가진 물고기

노랑가오리

쑤기미

미역치

23

제주 물고기

제주도는 커다란 섬이야. 우리나라에서 가장 큰 섬이지. 사람이 사는 마라도, 가파도, 우도, 비양도 네 섬과 사람이 안 사는 열여섯 개 섬을 거느리고 있어. 북쪽으로는 남해와 서해가 있고 남서쪽으로는 동중국해가 있고 동쪽으로는 남해를 거쳐 동해와 이어져. 남동쪽으로 멀리 가면 드넓은 태평양이 나오지. 제주 바닷가에는 섬에서 흘러 내려온 민물이 물 밑에서 솟아올라.

제주 남쪽 바다는 태평양 쪽에서 따뜻한 바닷물이 올라와. 한겨울에도 바닷물 온도가 10도 밑으로 내려가지를 않는대. 따뜻한 바닷물을 따라 고등어나 갈치가 떼를 지어 올라와. 고등어 떼를 쫓아 덩치 큰 청새치나 돛새치가 따라 올라오지. 고래상어나 쥐가오리처럼 커다란 물고기도 가끔 올라와. 빨판상어는 고래상어나 쥐가오리 몸에 찰싹

제주 바다에 많이 사는 물고기

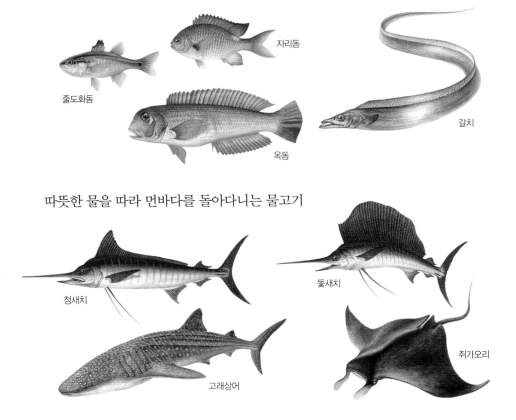

줄도화돔

자리돔

옥돔

갈치

따뜻한 물을 따라 먼바다를 돌아다니는 물고기

청새치

돛새치

고래상어

쥐가오리

붙어 따라다녀. 물이 따뜻하니까 열대 바다에 사는 물고기들이 함께 올라와 눌러살아. 나비고기나 흰동가리처럼 열대 물고기는 몸빛이 화려하고 뚜렷해. 서해나 동해에서는 볼 수 없는 물고기지. 제주도 북쪽 바다는 남해와 서해랑 잇닿아 있으니까 남해와 서해에 사는 물고기도 살지. 열대 지역에 사는 무태장어는 제주도에서만 볼 수 있어.

제주 바다에는 산호가 밭을 이루며 자라. 서해나 남해나 동해에서는 좀처럼 못 봐. 우리나라에 사는 산호 가운데 절반 이상이 제주도에서 자란대. 산호는 마치 꽃이 핀 것처럼 색깔이 울긋불긋 화려해. 그래서 사람들은 제주 바닷속을 꽃동산이라고 한대. 산호 밭에는 먹을거리도 많고 몸을 숨길 곳도 많으니까 물고기들이 많이 모여 살아. 흰동가리는 독침을 가진 말미잘에 들어가 숨어 살지.

제주 바다에서만 보는 물고기

청줄돔

독가시치

무태장어

쏠배감펭

산호 밭에 사는 물고기

흰동가리

나비고기

깃대돔

곰치

우리 바다 물고기

가다랑어 강고등어(북), 가다랭이, 가다리

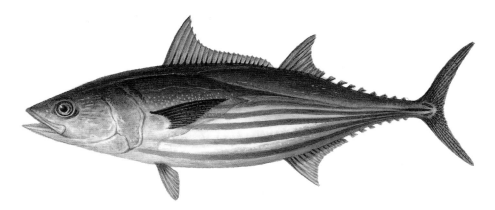

몸길이는 50~100cm쯤 돼. 1m가 넘기도 하지.
등은 파랗고 배는 하얘. 살갗은 미끈해. 몸통 옆
으로 짙은 가로줄이 4~10줄 나 있는데, 살아 있
을 때는 잘 안 보여. 등지느러미 두 개가 떨어져
있어. 뒷지느러미와 꼬리지느러미 사이에 조그만
토막지느러미가 줄지어 있어. 꼬리지느러미 끝은
눈썹달 모양으로 둥글어.

가다랑어는 따뜻한 물을 좋아해. 먼바다에서 떼 지어 다니는 물고기야. 넓디 넓은 태평양을 제집처럼 돌아다녀. 봄이 되면 따뜻한 물을 따라 제주도를 거쳐 남해로 올라와. 물낯 가까이에서 아주 빠르게 헤엄쳐. 느긋할 때는 30~60km로 헤엄치는데, 천적에게 쫓길 때에는 시속 70~80km 가까운 속도로 헤엄칠 수 있어. 죽을 때까지 잠을 한 번도 안 자고 헤엄을 친대. 큰 배나 고래처럼 자기보다 큰 물체 꽁무니도 잘 쫓아다녀. 멸치나 날치나 전갱이나 고등어처럼 자기보다 작은 물고기를 잡아먹고 오징어나 게나 새우 따위도 먹지. 육 년쯤 살아.

다랑어는 온 세계에 퍼져 살아. 우리나라에는 참다랑어, 날개다랑어, 눈다랑어, 황다랑어, 백다랑어, 가다랑어, 점다랑어 일곱 종이 여름철에 따뜻한 물을 따라 남해로 올라와. 가다랑어와 백다랑어와 점다랑어는 크기가 1m 남짓 되지만, 황다랑어와 눈다랑어는 2~3m쯤 돼. 다랑어 무리는 모두 헤엄을 빠르게 잘 쳐.

가다랑어는 사람들이 흔히 '참치'라고 해. 그물이나 낚시로 잡아. 대부분 통조림을 만들어. 나무토막처럼 딴딴하게 말려서 대패로 밀듯이 얇게 포를 떠서 국물을 우려내기도 해. 일본 사람들은 이 포를 '가쓰오부시'라고 하고, 우리나라 사람들이 멸치 국물을 우리는 것처럼 국물 맛 내는 데 써.

사는 곳 남해, 제주
분포 우리나라, 태평양 열대 바다
먹이 작은 물고기, 오징어, 게, 새우 따위
몸길이 50~100cm
특징 몸통에 가로 줄무늬가 나 있다.

참다랑어 *Thunnus thynnus*
몸길이가 3m쯤 돼. 다른 다랑어보다 가슴지느러미가 작아. 여름에는 동해까지 올라가.

가숭어 참숭어, 마룩쟁이, 뚝다리

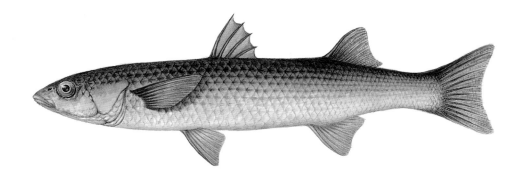

몸길이가 1 m 안팎이야. 머리는 납작하고 몸은
둥그스름해. 등은 푸르스름한 밤색이고 배는 하
얘. 입술 둘레가 붉고 눈이 노래. 위턱이 아래턱
보다 조금 길어. 몸 비늘은 크고 까만 무늬가 비
늘 따라 나 있어. 옆줄은 없어. 등지느러미는 두
개로 나뉘었어. 꼬리지느러미 끄트머리는 숭어보
다 덜 파였어.

가숭어는 숭어보다 맛이 좋다고 서해 바닷가 사람들은 '참숭어'라고 해. 숭어보다 몸집과 몸 비늘이 더 커. 몸길이가 1미터 넘는 것들이 흔해. 가숭어는 숭어보다 입술 둘레가 붉고 위턱이 아래턱보다 길어. 숭어는 눈에 기름눈꺼풀이 있지만 가숭어는 없어.

가숭어는 바닷가 가까이에서 살다가 8~9월이면 강어귀로 몰려와. 서해, 남해, 동해 어디에서나 볼 수 있어. 강을 거슬러 올라오기도 해. 강물이 더러워도 제법 잘 견디며 살아. 물 바닥을 돌아다니면서 펄을 긁어 먹거나 돌에 붙은 이끼도 갉아 먹고, 펄을 뒤져서 갯지렁이나 새우 따위를 잡아먹어. 숭어처럼 물 위로 잘 뛰어올라. 생김새나 사는 모습이 숭어랑 닮았어.

우리나라에는 숭어, 가숭어, 등줄숭어 이렇게 세 종이 살아. 가숭어가 1m쯤 돼서 가장 크고 등줄숭어가 50cm쯤으로 가장 작아. 숭어는 지역마다 크기에 따라 이름이 많아. 100여 개가 넘는데. 정약전이 쓴《자산어보》에는 크기가 자그마한 숭어를 등기리, 가장 어린 숭어를 모치, 모당, 모장, 몽어라고 써 놓았어. 숭어와 이름이 닮은 송어는 다른 물고기야. 송어는 동해에 살아.

사는 곳 서해, 동해, 남해
분포 우리나라, 일본, 중국, 대만, 동중국해
먹이 갯지렁이, 새우, 이끼 따위
몸길이 1m 안팎
특징 숭어보다 맛이 좋아서 '참숭어'라고 한다.

숭어는 물 위로 펄쩍펄쩍 잘 뛰어올라. 화살처럼 솟아오르지.

가시복 가시복아지(북)

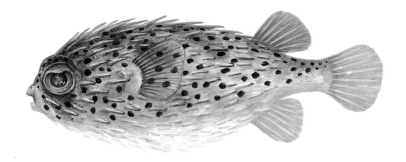

몸길이는 30cm쯤 돼. 눈은 커서 주둥이보다
커. 주둥이는 짧고 입은 작아. 등은 검은 밤색이
고 배는 하얘. 몸에 까만 점무늬가 잔뜩 나 있어.
몸은 가시로 덮여 있지. 등지느러미와 뒷지느러
미는 몸통 뒤쪽에서 위아래로 마주 나 있어. 꼬리
지느러미 끄트머리는 둥글어.

고슴도치처럼 온몸에 가시가 돋았다고 '가시복'이야. 가시복은 몸에 독이 없어. 그 대신 온몸이 가시로 덮여 있지. 가시를 몸에 딱 붙이고 있다가 겁을 먹으면 몸을 풍선처럼 부풀리면서 고슴도치처럼 가시를 세워. 그러면 큰 물고기도 어쩌지 못해. 찔리면 아주 아프지만 독은 없어.

가시복은 따뜻한 바다에서 살아. 제주 바다에 많지. 봄여름에 따뜻한 쿠로시오 바닷물을 타고 큰 무리를 지어 제주에 올라오지. 바닷말이 자라고 바위가 많은 얕은 바다 바닥에서 살아. 헤엄을 칠 때는 다른 물고기 생김새처럼 홀쭉하게 생겨서 가시를 몸에 딱 붙여. 겁이 나거나 화가 날 때만 몸을 풍선처럼 부풀려. 어릴 때는 더 자주 그러지. 튼튼한 앞니로 작은 게나 성게처럼 딱딱한 먹이도 부숴 먹어. 4~8월에 짝짓기를 하고 알을 낳아. 새끼가 7mm쯤 크면 몸에 돌기가 도돌도돌 나서 가시가 돼. 어쩌다 그물에 잡혀도 사람들이 안 먹어.

사는 곳 제주, 남해
분포 우리나라, 온 세계 열대와 온대 바다
먹이 성게, 작은 게 따위
몸길이 30cm 안팎
특징 온몸에 가시가 나 있다.

가시를 세운 가시복
겁이 나거나 누가 건들면 물을 벌컥벌컥 들이켜서 풍선처럼 몸을 부풀리고 몸에 잔뜩 난 가시를 꼿꼿이 세워.

갈치

칼치, 깔치, 풀치, 빈쟁이

다 크면 1m가 넘어. 몸빛은 온통 은빛이야. 비늘은 없어. 몸은 옆으로 납작하고 뱀처럼 길어. 눈은 크고 이빨이 뾰족해. 아래턱이 위턱보다 앞으로 나왔어. 등지느러미는 꼬리까지 길게 이어져. 꼬리지느러미, 배지느러미는 없어.

갈치에 '갈'자는 칼을 뜻하는 옛말이야. 생김새나 몸빛이 기다란 칼처럼 생겼다고 이런 이름이 붙었어. 지금도 '칼치'라고 해. 따뜻한 물을 따라 여름에 서해나 남해까지 올라와. 여름 들머리부터 한여름까지 알을 낳고 겨울에는 제주도 밑 따뜻한 바다로 내려가. 알에서 깨어난 새끼는 남해 바닷가에서 크지. 새끼는 다른 물고기처럼 꼬리지느러미가 있는데, 크면서 꼬리가 뒤로 칼처럼 길어지다가 없어져. 한 해가 지나면 30~40cm, 4년쯤 지나면 1m쯤 커. 두 해쯤 크면 어른이 돼. 어릴 때는 플랑크톤을 먹다가 크면 정어리나 전어 같은 작은 물고기와 새우, 오징어 따위를 잡아먹어. 이빨이 송곳처럼 뾰족해서 먹이를 한번 덥석 물면 놓치지 않아. 먹을 게 없으면 자기 꼬리도 잘라 먹고 서로 잡아먹기도 해. 딱딱한 먹이는 이빨이 다칠까 봐 먹지 않는대. 어린 갈치는 낮에 바다 깊이 있다가 밤이 되면 물낯으로 올라와. 다 큰 어른은 오히려 낮에 물낯 가까이에서 먹이를 잡다가 밤이 되면 바닷속으로 내려가지.

갈치는 여름에서 가을에 많이 잡아. 제주도에서는 일 년 내내 잡지. 밤에 환하게 불을 켜고 낚시로 잡아. 갓 잡은 갈치는 회를 떠 먹어. 소금을 뿌려서 구워 먹거나 찌개나 국을 끓여 먹기도 해. 몸에 붙어 있는 반짝반짝 빛나는 은빛 가루를 긁어모아서 가짜 진주를 만들거나 화장품에 넣기도 해. 새끼 갈치는 '풀치'라고 해. 꾸덕꾸덕 말려서 구워 먹거나 양념을 발라 쪄 먹어.

사는 곳 제주, 남해, 서해
분포 우리나라, 온 세계 온대 바다
먹이 작은 물고기, 오징어, 새우 따위
몸길이 1m 안팎
특징 몸이 긴 칼처럼 생겼다.

몸을 세우고 헤엄치는 갈치
갈치는 물속에서 하늘을 쳐다보며 꼿꼿이 서 있어. 꼿꼿이 선 채로 기다란 등지느러미를 물결처럼 움직이면서 헤엄치거나 잠을 자.

감성돔 먹도미(북), 감정돔, 감숭어, 감싱이, 가문돔

몸길이는 60~70cm쯤 돼. 몸은 거무스름한 잿
빛이야. 몸은 옆으로 납작해. 눈은 크고 등이 높
아. 거무스름한 세로줄이 희미하게 나 있어. 등
지느러미, 꼬리지느러미, 뒷지느러미 가장자리
가 조금 까매. 꼬리지느러미 끝은 조금 파였어.

감성돔은 참돔과 똑 닮았는데 몸빛이 영 달라. 까무스름한 잿빛에 비늘이 번쩍번쩍 빛나지. 정약전이 쓴 《자산어보》에는 거무스름한 몸빛 때문에 '흑어(黑魚)'라고 했고, 서유구가 쓴 《전어지》에는 '묵도미(墨道尾)'라고 했어.

감성돔은 따뜻한 바다를 좋아해. 물 깊이가 5~50m쯤 되는 얕은 바닷가에서 많이 살아. 바닥에 모래가 쫙 깔리고 바닷말이 숲을 이루고 바위가 많은 곳을 좋아해. 물 가운데나 바닥에서 헤엄쳐 다니지. 주둥이가 뾰족하고 이빨이 튼튼해서 소라나 성게처럼 딴딴한 껍데기도 부숴 먹어. 또 작은 물고기나 갯지렁이나 게나 새우나 홍합도 먹고 돌에 붙은 김이나 파래도 뜯어 먹지. 4~6월에 바닷가 가까이 와서 짝짓기를 하고 알을 10만~20만 개쯤 낳아. 알에서 깨어난 새끼는 죄다 수컷이고 떼로 몰려다녀. 한 해가 지나면 12cm, 2년이면 20cm, 3년이면 24~30cm쯤 크고 다 크면 60~70cm쯤 돼. 그런데 감성돔은 크면서 신기하게도 암컷으로 몸이 바뀌어. 5년쯤 지나면 수컷은 없고 죄다 암컷이래. 9년쯤 지나면 다 커. 날씨가 추워지면 깊은 바다로 들어가 옹기종기 모여서 잘 움직이지도 않고 먹지도 않고 겨울잠을 자듯이 지내. 봄이 되어야 다시 바닷가로 올라오지.

감성돔은 봄가을에 갯바위에서 낚시로 많이 잡아. 눈이 아주 밝아서 그물이나 낚싯줄만 봐도 뒷걸음치며 도망친대. 귀도 밝아서 낚시찌가 물에 풍당 떨어지는 소리만 나도 숨는다지. '6월 감생이는 개도 안 먹는다'는 말처럼 알을 낳은 뒤 감성돔은 맛이 별로 없대. 잡아서 회를 뜨거나 굽거나 찌거나 탕을 끓여 먹어.

사는 곳 남해, 서해, 동해, 제주
분포 우리나라, 일본, 대만, 동남 중국해
먹이 작은 물고기, 갯지렁이, 소라, 성게,
　　　　새우 따위
몸길이 60~70cm
특징 크면서 수컷에서 암컷으로 몸이 바뀐다.

새끼 감성돔
새끼일 때는 몸에 까만 줄무늬가 뚜렷해.
크면서 옅어지거나 없어져.

개복치 물복아지(북), 북안진복, 골복짱이

다 크면 몸길이가 4m쯤 되고 몸무게는 1톤쯤 돼.
눈과 입과 아가미구멍은 작아. 몸은 옆으로 납작
해. 개복치 비늘에는 뾰족뾰족한 가시가 나 있어.
만지면 따끔따끔해. 옆줄은 없어. 등은 검푸르고
배는 허얘. 몸은 타원꼴이야. 등지느러미와 뒷지
느러미는 길게 솟았어. 꼬리지느러미는 키지느러
미로 바뀌었어. 꼬리가 뭉텅 잘린 것처럼 보여.

개복치는 생김새가 우스꽝스럽지. 몸은 둥그렇게 커다랗지만 꼬리가 뭉텅 잘려 나간 것 같아. 잘린 듯한 꼬리지느러미는 마치 배에서 방향을 잡아 주는 키를 닮았다고 키지느러미라고 해. 등지느러미와 뒷지느러미는 위아래로 길쭉하게 우뚝 솟았어. 헤엄치면 옆으로 쓰러질 듯 아슬아슬해. 덩치는 자동차만 하지.

개복치는 먼바다에서 사는 물고기야. 바닷가 가까이로는 잘 안 와. 물낯에서 바닷속 200~450m쯤 되는 깊이까지 살면서 플랑크톤이나 해파리나 오징어나 작은 물고기 따위를 잡아먹어. 무리를 안 짓고 혼자 다녀. 등지느러미와 뒷지느러미를 움찔움찔 움직여 느릿느릿 헤엄쳐. 날이 환하게 개이고 물결이 잔잔한 날에는 햇볕을 쬐러 물낯으로 올라와. 등지느러미를 돛처럼 물 밖으로 내놓고 느릿느릿 헤엄치거나 해파리처럼 그냥 물에 둥둥 떠다니기 일쑤야. 햇살 좋은 날에는 물낯에 발라당 누워 세상모르고 자기도 해. 배가 가까이 와도, 사람이 와서 툭툭 쳐도 꼼짝을 안 해. 몸이 둔하니까 범고래나 바다사자에게 곧잘 잡아먹혀. 깜짝 놀라면 눈을 질끈 감는 버릇이 있대. 짝짓기 때가 되면 이빨을 갈아서 '삐걱, 삐걱' 소리를 내며 짝을 찾아. 짝짓기를 하면 한 번에 알을 1억 개 넘게 낳아. 물고기 가운데 가장 알을 많이 낳지. 알에서 깨어난 새끼는 2mm쯤 되었을 때 꼬리지느러미가 생겨. 2cm쯤 크면 꼬리지느러미가 없어지고 키지느러미가 되지. 이십 년쯤 살아.

사는 곳 동해, 남해, 서해
분포 우리나라, 태평양, 지중해
먹이 작은 물고기, 새우, 오징어,
    해파리 따위
몸길이 4m
특징 가끔 물낯에 옆으로 드러누워 쉰다.

쉬는 개복치
개복치는 물결이 잔잔하고 날이 좋은 날에는 물낯에 올라와 옆으로 드러누워. 가만히 누워 쉬는 거야. 사람이 와서 툭툭 쳐도 발딱 못 일어나.

갯장어

개장어(북), 참장어, 이빨장어, 이장어

몸길이는 60~80cm쯤 돼. 2m까지도 자라. 등은 거무스름하고 배는 하얘. 몸통은 둥그렇고 비늘이 없이 매끈해. 몸통 옆으로 옆줄이 뚜렷해. 등지느러미가 길어서 꼬리지느러미와 잇닿아 있어. 등지느러미는 가슴지느러미보다 앞에서 시작해. 배지느러미는 없어. 주둥이가 길고 입은 크고 양턱에 날카로운 이빨이 2~3줄 나 있어. 앞쪽에는 송곳니가 삐쭉 솟았지.

갯장어는 몸이 길다고 '장어(長魚)'인데, 민물과 바다를 오가는 뱀장어와 달리 바다에서만 산다고 바다를 뜻하는 '갯'이라는 이름이 앞에 붙었어. 붕장어보다 맛이 좋아서 '참장어'라고도 하고, 이빨이 날카롭다고 '이빨장어'라고도 하지. 정약전이 쓴 《자산어보》에는 '이빨이 개처럼 났다'고 '견아려(犬牙鱺)'라고 했어.

갯장어는 뱀처럼 몸이 길어. 비늘이 없어서 몸이 미끌미끌하지. 낮에는 펄 바닥이나 바위틈에 숨어 쉬다가 밤이 되면 나와서 먹이를 잡아먹어. 쉬고 있는 물고기나 새우나 조개 따위를 잡아먹지. 멸치, 양태, 새끼 갈치 같은 물고기를 좋아해. 겨울에는 제주도 남쪽 깊은 바다에서 지내다가 봄이 되면 남해 바닷가로 올라와 5~7월에 알을 낳아. 짝짓기 때가 되면 암컷과 수컷은 아무것도 먹지 않지.

사람들은 여름에 많이 잡아서 구이나 회나 탕을 끓어 먹어. 통발이나 주낙으로 많이 잡아. 갯장어를 잡으면 조심해야 해. 물 밖에 나와서도 꿈틀꿈틀대며 오랫동안 살고 사람도 잘 물어. 성질이 아주 사나워서 한번 물면 절대 놓지 않아. 사람 손을 깨물면 손가락에 구멍이 날 정도야. 요즘 통영과 여수 바닷가 사람들은 '하모회', '하모유비끼'라는 일본말 이름 음식으로 여름철 더위에 힘을 내려고 많이 먹어. '하모'는 아무것이나 잘 무는 갯장어 버릇을 빗대서 일본말로 '물다'는 뜻인 '하무'에서 온 이름이래.

사는 곳 서해, 남해
분포 우리나라, 일본, 대만, 필리핀, 호주,
　　　인도양, 홍해
먹이 작은 물고기, 새우, 게 따위
몸길이 60~80cm
특징 몸이 뱀처럼 길다.

갯장어와 붕장어
갯장어는 주둥이가 뾰족하고 날카로운 이빨이 나 있어. 붕장어는 주둥이가 더 뭉뚝하고 이빨이 덜 날카롭지.

갯장어　　　붕장어

41

거북복 상자복아지(북)

몸길이가 25cm까지 커. 몸은 누런 밤색이나 파르스름한 풀빛이고 육각형 비늘로 덮여 있어. 육각형 비늘 가운데에 파란 점이 있어. 몸은 네모난 상자처럼 생겼어. 입은 새 부리처럼 툭 튀어나왔지. 등지느러미와 뒷지느러미는 몸 뒤쪽에서 아래위로 마주 났어.

거북복은 생김새가 재미있어. 몸은 상자처럼 네모나. 온몸은 거북 등딱지처럼 딱딱한 육각형 비늘로 덮여 있어서 나무 상자처럼 딱딱해. 마치 갑옷을 입은 것 같지. 거북복은 다른 복어와 달리 몸속에 독이 없거든. 자기 몸을 지키려고 몸에 붙은 비늘이 딱딱하게 바뀐 거야. 몸이 딱딱하니까 헤엄치는 것도 웃겨. 꼬리자루만 살랑살랑 움직이며 헤엄을 쳐. 또 몸통을 뒤틀거나 휘어서 방향을 틀지 못해. 등지느러미랑 뒷지느러미를 좌우로 틀면서 궁싯궁싯 방향을 바꾸지.

거북복은 따뜻한 물을 좋아해. 헤엄을 잘 못 치니까 물속 돌 틈이나 바위 밑에 잘 숨어. 새 부리처럼 툭 튀어나온 조그만 입으로 작은 새우나 곤쟁이 따위를 잡아먹지. 어릴 때는 노란 몸에 깨알 같은 까만 점이 있어서 아주 예뻐. 생김새가 예뻐서 사람들이 구경 오는 수족관에서 많이 길러. 열대 바다에 사는 거북복 무리는 살갗에서 독을 내뿜어. 작은 어항에서 기르는 거북복을 놀라게 하면, 살갗에서 우유 빛깔 독을 내뿜어서 같이 살던 물고기를 다 죽인대. 그러다 자기도 목숨을 잃는다지. 하지만 넓은 바다에서는 독이 멀리 퍼져서 자기는 괜찮대.

뿔복 *Lactoria cornuta*
머리에 소뿔처럼 뿔이 났다고 이름이
뿔복이야. 온몸이 노래.

사는 곳 제주, 남해
분포 우리나라, 태평양 열대 바다
먹이 작은 새우, 곤쟁이 따위
몸길이 25cm
특징 거북처럼 몸이 딱딱한 껍데기로 덮여 있다.

고등어 고동어, 고망어, 고도리

몸길이는 40~50cm쯤 돼. 등은 푸른빛이고 까만 물결무늬가 구불구불 났어. 배 쪽은 무늬가 없고 하얘. 눈에는 기름눈꺼풀이 있어. 비늘은 아주 작고 잘 떨어져. 등지느러미는 두 개인데 멀리 떨어져 있어. 등지느러미와 뒷지느러미 뒤로 작은 토막지느러미가 토막토막 나 있어. 꼬리 자루는 아주 잘록해. 꼬리지느러미는 가위처럼 깊이 파였어.

등이 둥글게 부풀어 오른 물고기라고 이름이 '고등어(高登魚)'야. 우리 옛 책 《동국여지승람》에는 옛날 칼 모양을 닮았다고 '고도어(古刀魚)', 정약전이 쓴 《자산어보》에는 몸에 파란 무늬가 나 있다고 '벽문어(碧紋魚)'라고 했어.

고등어는 따뜻한 물을 따라 떼로 몰려다녀. 겨울철에는 제주도 남쪽 바다에서 지내다가, 쑥이 돋는 이삼월 봄에 제주도에 나타나. 오뉴월에 따뜻한 물을 따라 남해로 올라와서 한 무리는 서해로, 또 한 무리는 동해로 갈라져서 올라간대. 작은 새우나 멸치 같은 먹이를 따라 올라가는 거야. 5~7월쯤에 짝짓기를 하고 알을 낳아. 날씨가 쌀쌀해지면 다시 우르르 내려와 먼바다로 가지. 어릴 때는 바닷가나 포구로도 몰려와. 새끼 고등어를 '고도리'라고 해. 6년쯤 지나면 40cm쯤 커.

고등어는 아주 겁이 많아. 조그만 소리에도 부리나케 도망치고, 천둥 치고 큰 파도가 일어도 놀라서 숨는대. 낮에는 아주 빠르게 헤엄쳐 다니기 때문에 잡기도 쉽지 않지. 그런데 밤에 배에 불을 환하게 켜 놓으면 자기들이 알아서 불빛을 보고 떼로 몰려들어. 그때 사람들이 낚시나 그물로 왕창왕창 잡아. 고등어는 성질이 급해서 잡자마자 바로 죽지. 고등어는 기름기가 잘잘 흐르고 값도 싸서 사람들이 즐겨 먹어. 조리거나 굽거나 찌거나 회로도 먹지. 하지만 고등어는 쉽게 썩기 때문에 배를 갈라서 짠 소금을 잔뜩 집어 넣어. 그러면 먼 산골까지 가도 안 상하고 끄떡없지. 이렇게 소금에 절인 고등어를 '간고등어', '자반고등어'라고 해.

사는 곳 남해, 제주, 서해, 동해
분포 우리나라, 일본, 대만, 필리핀,
　　　　아열대 온대 바다
먹이 작은 새우, 멸치 따위
몸길이 40~50cm
특징 등이 파랗고 얼룩무늬가 있다.

고등어 보호색
고등어 등은 파르스름해. 배는 하얗지. 고등어 몸빛은 천적 눈을 피하려는 보호색이야.

고래상어

입

몸길이는 10m 안팎이야. 20m 넘게 크기도 해. 등은 푸르스름하고 배는 하얘. 온몸에 하얀 점이 흐드러졌어. 입은 크고 자잘한 이빨이 촘촘하게 났어. 아가미 다섯 개가 세로로 길쭉해. 등지느러미는 두 개인데 앞은 크게 우뚝 솟았고 뒤는 작아. 가슴지느러미는 크고 넓어. 꼬리지느러미는 가위처럼 갈라지는데 위쪽이 더 길어.

고래상어는 세상에서 몸집이 가장 큰 물고기야. 고래만큼 몸집이 크다고 '고래상어'지. 다 크면 몸길이가 20m가 넘고, 몸무게는 40~50톤이 넘어. 버스 두 대 길이만큼 되지. 덩치가 커서 고래 같지만 아가미로 숨을 쉬는 상어야. 백상아리처럼 등지느러미가 뾰족 솟았지. 물속에서 큰 입을 떡 벌리고 작은 플랑크톤이나 오징어나 멸치 같은 작은 물고기 따위를 걸러 먹어. 덩치는 커도 성질이 아주 순해. 잠수부가 가까이 다가가 쓰다듬어도 본척만척 어슬렁어슬렁 헤엄치지. 따뜻한 물을 따라 넓은 바다를 돌아다녀. 수컷이 암컷보다 더 멀리 돌아다닌대. 물낯 가까이에서 물고기 떼와 함께 헤엄쳐 다니지. 동갈방어나 빨판상어 같은 물고기가 덩치 큰 고래상어한테 붙어살아. 가끔 물속 700m 깊은 곳까지 헤엄쳐 들어가. 수가 많지 않아서 보호하고 있는 물고기야. 함부로 잡으면 안 돼.

사는 곳 제주, 남해
분포 우리나라, 아열대 바다
먹이 플랑크톤
몸길이 10~20m
특징 몸집이 가장 큰 물고기다.

돌묵상어 *Cetorhinus maximus*
고래상어 다음으로 몸집이 큰 상어야. 15m까지 자라. 덩치는 커도 고래상어처럼 순해. 큰 입을 쫙 벌리고 쪼그만 플랑크톤을 걸러 먹어. 온 세계 따뜻한 바다를 무리를 지어 돌아다니지. 가끔 물 위로 뛰어오르기도 해. 길이가 2m나 되는 새끼를 낳아.

곰치 곰

몸길이는 60~70cm쯤 돼. 2m 넘게 크기도 해.
몸빛은 누런 밤색이고 짙은 밤색 띠무늬가 세로로
나 있어. 몸은 길쭉하고 살갗은 비늘 없이 빤질빤
질해. 등지느러미와 뒷지느러미는 길어서 꼬리지
느러미와 이어져. 꼬리지느러미는 뾰족해.

곰치는 꼼치랑 이름이 닮았지만 전혀 다른 물고기야. 따뜻한 바닷속 물 깊이 3~30m쯤 되는 바위 밭이나 산호 밭에서 살아. 낮에는 산호나 돌 틈에 몸을 숨기고 있어. 몸이 뱀처럼 길쭉하거든. 긴 몸뚱이는 죄다 숨기고 머리만 빠끔 내놓고 있지. 몸빛이 돌 색깔이랑 똑같아서 숨어 있으면 잘 몰라. 작은 물고기나 새우나 문어 따위가 가까이 오면 용수철처럼 튀어 나가 덥석 물어. 이빨이 송곳처럼 뾰족하고 입 안쪽으로 휘어 있어서 한번 물면 놓치지를 않지. 밤에는 나와 돌아다니면서 먹이를 찾아. 문어가 돌구멍을 제집 삼으려다가 곰치와 싸우기도 해. 곰치가 문어 다리를 물면, 문어는 남은 다리로 곰치 머리를 온통 감싸고 목을 꽉 조이며 싸워. 문어가 안 되겠다 싶으면 시커먼 먹물을 내뿜고 도망친대. 생김새는 사나워도 사람한테는 잘 안 덤벼. 하지만 잘못 물렸다가는 크게 다칠 수 있어. 곰치는 수가 적어서 흔히 보기 어려워. 사람들이 먹으려고 일부러 잡지는 않아. 껍질이 질기기 때문에 가죽을 만들기도 한대.

사는 곳 제주, 남해
분포 우리나라, 일본, 필리핀, 인도양, 태평양
먹이 문어, 새우, 작은 물고기 따위
몸길이 60~70cm
특징 이빨이 아주 날카롭다.

돌 틈에 숨어 있는 곰치
곰치는 돌 틈에 숨어 있다가 먹이가 가까이 오면 쏜살같이 튀어나와. 뾰족한 이빨이 잔뜩 나 있어서 사람도 물리면 크게 다칠 수 있어.

49

깃대돔

몸길이는 25cm쯤 돼. 몸은 마름모꼴로 생겼고 옆으로 납작해. 몸빛은 노르스름하고 까만 줄무늬가 두 줄 나 있어. 등지느러미가 낫처럼 길게 늘어져. 입이 새 부리처럼 툭 튀어나왔어. 주둥이에 말안장처럼 생긴 노랑, 빨강 무늬가 있어. 꼬리지느러미는 까맣고 끄트머리는 하얘. 가운데가 조금 파였어.

등지느러미 줄기 하나가 깃대처럼 길게 늘어졌다고 '깃대돔'이야. 등지느러미는 낫 모양으로 생겼고 길어. 자기 몸길이보다도 길지. 물속을 헤엄치면 부드러운 긴 수염처럼 흐느적거려. 물 깊이 10~180m 사이를 돌아다니며 살아. 바위 밭이나 산호 밭에 많이 있어. 짝을 지어 다니거나 가끔 무리를 이뤄 떼로 몰려다니기도 해. 혼자 다닐 때도 있어. 길쭉한 주둥이로 산호를 톡톡 쪼아 먹거나 해면동물을 잡아먹지. 주둥이가 길쭉해서 바위나 돌 틈에 숨은 작은 동물도 날름날름 잘 빼 먹는대. 예쁘게 생겨서 사람들이 보려고 수족관에서 많이 길러. 하지만 키우기가 무척 까다롭대.

두동가리돔 *Heniochus acuminatus*
깃대돔처럼 등지느러미가 길쭉하게 늘어졌어. 깃대돔이랑 똑 닮았지. 깃대돔 주둥이가 뾰족하다면, 두동가리돔 주둥이는 조금 둥그스름해. 등지느러미와 꼬리지느러미는 노랗지. 깃대돔처럼 산호 밭에 많이 살아.

사는 곳 제주
분포 우리나라, 일본, 필리핀, 태평양, 인도양
먹이 산호, 해면동물
몸길이 25cm
특징 등지느러미 하나가 깃대처럼 길다.

까나리 양미리, 곡멸, 꽁멸, 솔멸

몸길이는 5~15cm쯤 돼. 살아 있을 때는 등이
밤색, 배는 은백색을 띠지만 죽으면 등이 푸르스
름하게 바뀌어. 몸은 아주 가늘고 긴 원통형이고
작고 둥근 비늘로 덮여 있어. 입이 뾰족한데 아래
턱이 더 길고 뾰족해. 이빨은 없어. 등지느러미
는 꼬리자루까지 이어져. 배지느러미는 없어.

까나리는 서해나 남해에도 많이 살고, 동해에도 살아. 서해에 사는 까나리는 크기가 손가락만 해. 동해에 사는 까나리는 크기가 꽁치만 하지. 동해에서는 까나리를 양미리라고 해. 겨울철이 되면 시장에 줄줄이 엮어서 나오는 양미리는 사실 까나리야. 양미리라는 물고기는 따로 있어.

까나리는 모래가 깔린 바닥에 떼 지어 살아. 맑고 차가운 물을 좋아하지. 날씨가 사납거나 물살이 세면 모래 속에 쏙쏙 들어가 숨고 머리만 쏙 내놓고 있어. 밤이 되거나 자기보다 큰 물고기가 다가와 겁이 날 때도 모래 속에 들어가 숨지. 물이 따뜻해지면 아예 모래 속에 들어가 여름잠을 자. 여름 내내 밥도 안 먹고 쿨쿨 자다가 물이 차가워지는 가을에 깨어나. 물에 떠다니는 플랑크톤이나 작은 동물을 잡아먹고, 물풀도 뜯어 먹어. 동틀 때쯤 모래 속에 숨어 있다가 재빨리 튀어나와 먹이를 잡지. 겨울이 되면 짝짓기를 하고 알을 낳아.

서해에서는 작은 까나리를 잡아 액젓이나 젓갈을 담그고 멸치처럼 말려서도 먹어. 동해에서는 겨울에 잡아 꾸덕꾸덕 말려서 구워 먹지. 밤에 배를 타고 나가서 불을 환하게 켜면 멋도 모르고 떼로 몰려든대. 그때 그물로 잡아.

사는 곳 동해, 서해, 남해
분포 우리나라, 일본, 알래스카
먹이 플랑크톤, 물풀
몸길이 5~15cm
특징 모래 속에 잘 숨는다.

모래 속에 숨은 까나리
까나리는 조금만 겁이 나도 모래 속으로 쏙쏙
잘 숨어. 여름에는 아예 모래 속에 파묻혀 꼼
짝도 안 하고 잠을 자.

까치복 까치복아지(북)

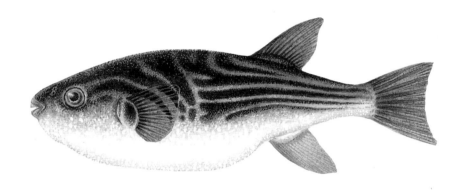

다 크면 몸길이가 60cm쯤 돼. 짙고 검푸른 몸에
하얀 줄무늬가 나 있어. 모든 지느러미는 밝은 노
란색이야. 등과 배에는 아주 작은 가시비늘이 있
어. 등지느러미와 가슴지느러미 밑에는 까만 점
무늬가 나 있어.

몸에 난 무늬가 까치를 닮았다고 '까치복'이야. 까치 날개깃처럼 까만 몸에 하얀 줄무늬가 나 있어. 까치복은 복어 무리 가운데 몸집이 꽤 커. 다 크면 어른 팔뚝만큼 커. 복어 무리 가운데 헤엄을 잘 친다지만 도토리 키 재기야. 몸이 뚱뚱하고 지느러미는 짧막해서 뒤뚱뒤뚱 헤엄을 쳐. 몸놀림이 재빠르지 않아. 큰 물고기가 툭툭 건드리면 갑자기 물을 벌컥벌컥 들이켜서는 배를 빵빵하게 부풀려. 그러면 치근대던 물고기가 깜짝 놀라 도망간대. 또 몸에 독이 있어서 헤엄을 못 쳐도 잡아먹힐 걱정은 없어.

까치복은 따뜻한 물을 좋아해. 우리나라 온 바다에 살고 서해에 많아. 여름에는 따뜻한 물을 따라 동해까지 올라왔다가 가을이면 도로 남쪽으로 내려가. 봄에는 바닷가 가까이 몰려오고 가을이면 꽤 먼바다로 나가지. 바닥에 바위가 울퉁불퉁 솟은 물속 가운데쯤에서 헤엄쳐 다녀. 이빨이 튼튼해서 새우나 게나 조개도 우둑우둑 씹어 먹어. 오징어나 작은 물고기 따위도 잡아먹지. 토끼 이빨처럼 납작한 앞니로 바위에 붙은 생물을 뜯어 먹기도 해. 삼사월 진달래꽃 필 때쯤부터 민물과 짠물이 뒤섞이는 강어귀로 몰려와 알을 낳아. 4~5월에 알에서 새끼가 깨어나 6월이 되면 20~25mm, 11월쯤 되면 15cm쯤 자라지. 알에서 깨어난 새끼는 바닷가에서 크다가 날이 추워지는 가을에 먼바다로 나가.

까치복은 알과 간에 아주 강한 독이 있고 창자에도 약한 독이 있어. 껍질이나 살에는 독이 없지. 독이 없는 살로 회를 떠 먹거나 탕을 끓여 먹어. 꼭 전문 요리사가 해 주는 요리를 먹어야 돼. 함부로 먹으면 큰일 나.

사는 곳 동해, 남해, 서해, 제주
분포 우리나라, 동중국해
먹이 게, 새우, 조개, 오징어, 갯지렁이,
　　　작은 물고기 따위
몸길이 60cm
특징 몸 무늬가 까치를 닮았다고 까치복이다.

까치상어 죽상어

몸길이가 1 m 안팎이야. 몸 색깔은 잿빛이고 검은 띠무늬가 세로로 열 줄쯤 나 있어. 몸에는 작고 검은 점들이 흐드러지지. 몸은 길쭉하고 홀쭉해. 머리는 아래위로, 꼬리는 양옆으로 납작하지. 아가미가 가슴지느러미 바로 앞쪽에 다섯 줄나 있어. 등지느러미 두 개는 세모꼴로 뾰족 솟았어. 꼬리지느러미는 위아래 모양이 달라.

까치상어는 상어 무리 가운데 덩치가 작은 축에 끼는 상어야. 까만 줄무늬가 번갈아 늘어선 모양이 까치 무늬를 닮았다고 까치상어라는 이름이 붙었대. 또 까만 줄무늬가 대나무 마디처럼 나 있다고 '죽상어'라고도 해. 성질이 순해서 사람에게 안 달려들어. 혼자 돌아다니기를 좋아하고 가끔 무리를 지어 쉬기도 한대. 바닷가 가까이 오기도 해. 깜깜한 밤에 돌아다니면서 작은 물고기나 새우나 게 따위를 잡아먹어. 까치상어는 알을 안 낳고 새끼를 낳아. 다른 물고기들은 암컷이 알을 낳으면 수컷이 수정을 시키지만, 까치상어는 짝짓기를 해서 새끼를 낳지. 봄이 되면 새끼를 20~40마리쯤 낳아. 까치상어는 성질이 순하고 사는 곳을 바꿔도 잘 지내서 수족관에서 많이 길러.

두툽상어 *Scyliorhinus torazame*
몸길이가 50cm쯤 되는 작은 상어야. 몸이 누렇고 짙은 무늬가 얼룩덜룩 나 있어. 그래서 '범상어'라고도 해. 바다 밑바닥에 살면서 작은 물고기나 새우, 게 따위를 먹고 살아.

사는 곳 서해, 남해
분포 우리나라, 일본, 대만, 동중국해
먹이 작은 물고기, 새우, 게 따위
몸길이 1m 안팎
특징 새끼를 낳는다.

꼼치

줄풀치(북), 물메기, 물꽁, 물곰, 미거지, 물텀벙이, 물잠뱅이, 곰치

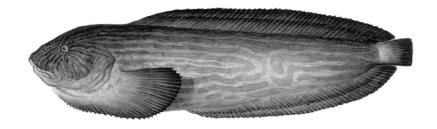

몸길이가 40~50cm쯤 돼. 머리가 크고 둥글어. 눈은 아주 작아. 몸은 꼬리 쪽으로 갈수록 옆으로 납작해. 등 쪽은 옅은 누런 밤색이고, 까만 줄무늬가 구불구불 나 있어. 배 쪽은 하얘. 살은 물렁물렁하고 껍질에는 아주 작은 가시비늘이 있어서 까칠까칠해. 배에는 빨판이 있지.

꼼치는 강에 사는 메기를 닮았다고 '물메기'라고도 해. 우리나라 모든 바다에 살지. 물 깊이가 50~100m쯤 되고, 모래가 쫙 깔린 물 바닥에서 살아. 꼼치는 살이 두부처럼 물컹물컹하고 흐늘흐늘해. 그래서 몸이 흐느적대지. 배지느러미에 빨판이 있어서 바닥에 잘 붙어 있어. 헤엄을 치기보다 바다 밑바닥에 배를 대고 둥싯둥싯 돌아다녀. 작은 새우나 조개나 물고기 따위를 잡아먹어. 차고 깊은 바다 밑바닥에서 어슬렁거리면서 살다가 겨울이 되면 얕은 바다로 올라와서 알을 낳아. 알은 어른 주먹만 하게 덩어리져서 바위나 바다풀 줄기에 몽글몽글 붙지. 알 덩어리는 5~15cm쯤 돼. 알에서 깨어난 새끼는 한 해가 지나면 수컷이 32cm, 암컷이 40cm로 어른 팔뚝만큼 커. 한 해쯤 살고 알을 낳으면 죽는대.

꼼치는 알을 낳으러 얕은 바다로 몰려나올 때 통발로 잡아. 끌그물로 바닥을 훑어 잡기도 하지. 예전에는 꼼치를 잡으면, 미끈거리고 흐물거려서 징그럽다고 물에 텀벙텀벙 내다 버렸대. 하지만 지금은 잡아서 안 버리고 탕을 끓여 먹어. 동해 바닷가 사람들은 '물곰탕', '곰치탕'이라고 해. 꾸덕꾸덕하게 말려서 굽거나 쪄 먹기도 하지.

사는 곳 동해, 남해, 서해
분포 우리나라, 일본, 동중국해
먹이 작은 새우, 조개, 물고기 따위
몸길이 40~50cm
특징 몸이 흐물흐물하다.

빨판
배지느러미에는 빨판이 있어. 바닥에 찰싹 달라붙어 있는 걸 좋아해.

꽁치 공치(북), 청갈치

몸길이는 30cm쯤 돼. 주둥이가 짧고 뾰족하고 단단해. 아래턱이 위턱보다 조금 길어. 몸은 가늘고 긴 원통형이야. 등은 검푸르고 배는 하얘. 등지느러미와 뒷지느러미는 몸 뒤쪽에서 서로 위아래로 마주 보고 있어. 그 뒤로 작은 토막지느러미가 5~7개 있어. 꼬리지느러미는 가위처럼 갈라졌어.

꽁치는 차가운 물을 좋아해. 차가운 물을 따라 동해 바다를 오르락내리락하지. 겨울에는 제주도 아래 먼바다까지 내려갔다가 봄이 되면 도로 올라와. 혼자 안 다니고 물낯 가까이에서 떼로 우르르 몰려다녀. 몸이 뾰족하고 길쭉해서 헤엄을 잘 치지. 큰 물고기한테 쫓길 때는 화살처럼 피슝 피슝 물 위로 날아오르기도 해. 봄이 되면 동해 바닷가로 잔뜩 몰려와서 알을 낳아. 물에 떠 있는 모자반 같은 바다풀에 알을 낳지. 알에는 가느다란 실이 나 있어서 바다풀에 척척 감겨 찰싹찰싹 붙어. 알에서 깨어난 새끼는 물에 떠다니는 바닷말에 숨어 살아. 처음에는 플랑크톤을 먹다가, 자라면 작은 새우나 물고기 알이나 새끼 물고기 따위를 먹지. 낮에 돌아다니면서 먹이를 잡아먹어. 먹이를 찾아 떼를 지어 이리저리 옮겨 다니지. 한두 해를 살아.

꽁치는 옛날부터 사람들이 많이 잡았어. 알 낳으러 떼로 몰려올 때 꽁치를 잡아. 그물로도 잡지만 맨손으로도 잡는대. 동해 바닷가 사람들은 모자반을 다발로 묶어서 물에 띄워 놓고 그 속에 손을 담가. 꽁치가 아무것도 모르고 알을 낳으려고 들어와 손가락 사이에서 비비적댈 때 재빨리 잡는 거야. 이렇게 잡은 꽁치를 '손꽁치'라고 해. 꽁치는 잡아서 회로 먹거나 구워도 먹고 통조림을 만들기도 해. 많이 잡히니까 값이 싼 데다 맛도 영양가도 좋아서 사람들이 즐겨 먹어. 지푸라기로 굴비처럼 엮어서 꾸덕꾸덕 말려서도 먹어. 이렇게 말린 꽁치를 '과메기'라고 해.

사는 곳 동해, 남해
분포 우리나라, 북태평양
먹이 플랑크톤, 새우, 새끼 물고기 따위
몸길이 30cm
특징 따뜻한 물을 따라 떼로 몰려다닌다.

꽁치 알
둥그런 알에는 가느다란 실이 잔뜩 나 있어. 바다풀에 척척 엉겨 붙어서 덩어리져.

나비고기

몸길이는 15cm 안팎이야. 몸은 옆으로 납작하고 넓적해. 몸빛은 누런 밤색이야. 등지느러미 앞에서 눈을 지나 밑으로 까만 줄무늬가 있어. 등지느러미와 뒷지느러미 끄트머리도 까매. 꼬리지느러미에 까만 줄무늬가 있고 끄트머리는 하얘.

나비고기는 가슴지느러미를 나비처럼 팔락이며 헤엄친다고 이런 이름이 붙었대. 몸빛도 노랑나비처럼 노래. 따뜻한 물을 좋아해서 산호 밭에서 많이 살지. 늘 혼자 다니는데 짝짓기 때에는 짝을 지어서 둘이 다녀. 뾰족한 주둥이로 산호를 톡톡 쪼아 먹어. 덩치는 작아도 자기 사는 곳에 다른 물고기가 들어오면 득달같이 달려들어서 쫓아내. 낮에 돌아다니다가 밤이 되면 산호초에 몸을 숨기고 쉬어. 가끔 새끼가 밀물이 빠져나간 물웅덩이에 남아 숨어 있기도 해. 몸빛이 예쁘니까 사람들이 보려고 수족관에서 키워. 나비고기 무리들은 모두 몸빛이 예쁘대.

세동가리돔 *Chaetodon modestus*
나비고기와 생김새가 닮았어. 몸에 노란 세로줄이 석 줄 나 있어. 그리고 등지느러미 뒤쪽 아래에 까만 점이 댕그랗게 하나 있어. 꼭 커다란 눈 같지. 덩치 큰 물고기가 덤벼들 때 어디가 앞인지 헷갈리게 한대.

사는 곳 제주, 남해
분포 우리나라, 열대 바다
먹이 산호, 바닷말, 작은 새우, 플랑크톤 따위
몸길이 15cm 안팎
특징 나비처럼 예쁘다고 나비고기다.

날치 날치고기

몸길이는 35cm쯤 돼. 머리는 숭어 머리처럼 뭉툭하고 눈이 댕그랗게 커. 등은 평평하고 배는 삼각형으로 뾰족해. 등은 파르스름한 밤색이고 배는 하얗고 반짝거려. 가슴지느러미는 파르스름하고 아주 커. 배지느러미도 커. 꼬리지느러미는 가운데가 깊게 파이고 아래쪽 지느러미가 더 길쭉해.

하늘을 난다고 이름이 '날치'야. 가슴지느러미가 새 날개처럼 길어. 물 위로 펄쩍 뛰어올라 몇 십 미터를 날아가. 더 멀리 일이백 미터를 날기도 해. 빠르게 헤엄치다가 꼬리로 물낯을 세게 치면서 뛰어올라 커다란 가슴지느러미를 쫙 펴고 날아가. 새처럼 퍼덕이지 않고 미끄러지듯 날아가지. 물을 세게 차고 뛰어오르려고 꼬리지느러미 아래쪽이 위쪽보다 훨씬 커졌어. 물에 내릴 때는 비행기가 내리듯이 꼬리부터 배, 가슴 순서로 스르르 내려. 꼬리를 물에 담그고 지그재그 노 젓듯이 움직이면서 물수제비뜨며 날기도 해. 심심해서 나는 게 아니고 큰 물고기가 쫓아오면 도망가려고 나는 거야. 날다가 배 안으로 뛰어들기도 한대.

날치는 따뜻한 물을 좋아해. 여름에는 동해 위쪽까지 올라왔다가 추워지면 다시 제주도 저 아래로 내려가. 물낯 가까이에서 떼로 헤엄쳐 다니고 물속 깊게는 안 들어가. 플랑크톤이나 작은 새우 따위를 잡아먹지. 먼바다에서 살다가 봄이 되면 바닷가 가까이로 와서 바닷말이 어우렁더우렁 숲을 이룬 곳에서 알을 낳아. 알에는 가늘고 기다란 실이 잔뜩 달려 있어서 바닷말에 척척 들러붙어. 밤에 배를 타고 나가 환하게 불을 밝히면 떼로 몰려들어. 이때 그물을 내려서 잡아. 굽거나 탕을 끓여 먹어. 날치 알로는 주먹밥이나 초밥을 만들어 먹지.

사는 곳 동해, 남해
분포 우리나라, 대만
먹이 플랑크톤, 새우 따위
몸길이 35cm
특징 물 위를 난다.

바다 위를 나는 날치
날치는 커다란 가슴지느러미를 쫙 펴고 하늘을 날아.

넙치 광어

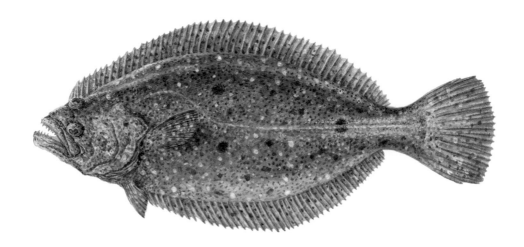

몸길이가 1.5m 넘게 커. 몸은 긴 타원형이야.
눈 달린 쪽은 누런 밤색이고 하얀 점이 흩어져 있
어. 눈 없는 쪽은 하얗지. 입은 꽤 큰 편이고, 양
턱에는 강한 송곳니가 한 줄로 줄지어 나 있어.
등지느러미와 뒷지느러미는 몸통을 따라 길고,
꼬리지느러미는 끝이 둥그스름해.

몸이 넓적하다고 넙치야. 사람들은 흔히 '광어'라고 해. 옛날 사람들은 눈이 한쪽에 몰려 있다고 '외눈박이 물고기'라고 했어.

넙치 눈은 태어날 때부터 한쪽으로 쏠려 있지 않아. 막 깨어난 새끼는 다른 물고기랑 똑같아. 눈이 몸 양쪽에 붙어 있고, 물속을 둥둥 떠다니면서 플랑크톤을 먹으며 자라지. 그런데 크면서 눈이 점점 한쪽으로 쏠려. 알에서 깨어난 지 한 달쯤 지나면 두 눈이 한쪽으로 모두 쏠리지. 다 큰 넙치는 물 바닥 흙속에 숨어 살아. 눈이 쏠려 있는 쪽은 바닥에 깔린 진흙이나 모래 색깔과 똑같아. 어쩌다 다른 곳으로 헤엄쳐 가면 그쪽 색깔에 맞게 몸빛을 바꾸지. 물 깊이가 30~200m인 바닥에 살지만 어린 새끼일 때는 5~20m 얕은 곳에서도 살지. 바닥에 숨어 있다가 지나가는 작은 물고기나 새우나 게나 오징어를 잡아먹어. 흙속에 숨어 있는 조개나 갯지렁이도 먹지. 헤엄을 칠 때면 납작한 몸이 부드럽게 너울너울 움직여. 봄에 가까운 바닷가로 나와 밤에 알을 낳는데 한 마리가 40만~50만 개쯤 낳아. 1년쯤 지나면 30~32cm, 2년에 41~45cm, 5년에 67~76cm, 6년에 73~83cm 크기로 빠르게 커.

넙치는 옛날부터 엄마가 아기를 낳고 몸조리할 때 미역국에 함께 넣어 끓여 먹었어. 그러면 엄마 젖도 잘 나오고 몸도 거뜬해 진대. 지금은 횟집에서 많이 볼 수 있어. 맛이 좋아서 사람들이 많이 길러. 겨울철에 가장 맛이 좋대.

넙치 눈
넙치를 앞에서 보면 눈 두 개가 왼쪽으로 쏠려
있어. 오른쪽으로 쏠리면 가자미지.

사는 곳 서해, 남해, 동해
분포 우리나라, 일본, 중국해
먹이 작은 물고기, 새우, 게, 오징어 따위
몸길이 1.5m 안팎
특징 눈이 왼쪽으로 쏠려 있다.

노랑가오리

가오리(북), 노랑가부리, 황가오리, 딱장가오리

몸길이는 1m 안팎이야. 몸은 노랗거나 불그스름해. 몸은 위아래로 납작하고 몸꼴은 오각형이야. 주둥이는 작고 조금 뾰족해. 입과 코는 아래쪽에 붙어 있어. 눈 뒤에는 물을 뿜어내는 구멍이 있어. 꼬리는 채찍처럼 길어서 몸통보다 두 배쯤 길어. 꼬리 위로 자잘한 가시가 한 줄 있고 기다란 독침이 하나 있어.

노랑가오리는 몸빛이 아주 노랗고 살갗이 번들번들해. 온몸이 노랗다고 '노랑가오리'지. 정약전이 쓴《자산어보》에는 몸이 노랗다고 '황분(黃鱝)'이라고 쓰고 사람들이 '황가오'라고 한다고 나와 있어. 생김새는 홍어를 닮았어. 몸이 위아래로 납작하고 지느러미가 쫙 펼친 새 날개처럼 생겼지. 옛날에 누렁소가 하느님한테 대들다가 납작 밟혀서 노랑가오리가 되었다는 재미난 이야기도 있어.

노랑가오리는 물 바닥에 납작 붙어 살아. 물 깊이가 10m쯤 되는 얕은 바다나 강어귀에 많지. 따뜻한 물을 좋아해서 겨울에는 깊은 곳으로 내려갔다가 봄에 다시 얕은 바다로 올라와. 육칠월이 되면 새끼를 열 마리쯤 낳지. 작은 새우나 물고기나 게나 갯지렁이 따위를 먹고 살아. 덩치 큰 물고기가 다가와 치근대면 꼬리에 있는 대바늘 같은 독침을 바짝 세우고 꼬리를 채찍처럼 휘둘러서 찔러. 사람이 찔리면 정신이 아찔해질 정도로 아파. 조심해야 돼.

노랑가오리는 가오리 무리 가운데 가장 맛이 좋대. 회를 떠서 먹거나 찜을 쪄서 먹어. 말려서 먹거나 탕을 끓여 먹기도 하지. 수레를 한가득 채울 만큼 큰 놈도 있어.

사는 곳 남해, 서해, 제주
분포 우리나라, 일본, 동중국해, 남중국해
먹이 게, 새우, 갯지렁이, 작은 물고기 따위
몸길이 1m 안팎
특징 꼬리에 독가시가 하나 있다.

헤엄치기
노랑가오리는 몸이 납작해. 납작한 몸통 지느러미를 물결치듯이 움직이며 헤엄을 쳐.

농어 농에, 까지매기, 깔다구

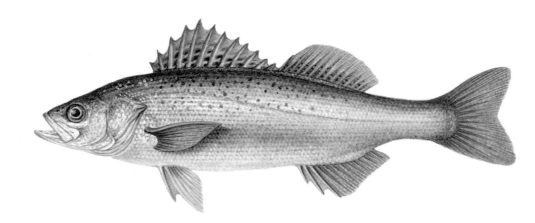

다 크면 1m쯤 돼. 등은 푸르스름한 잿빛이고 배는 하얘. 등에는 자잘한 점이 흩어졌는데 크면서 없어져. 몸통은 둥그스름하고 길쭉하게 날씬해. 입은 크고 위턱보다 아래턱이 앞으로 나왔어. 등지느러미와 뒷지느러미 가시가 아주 억세. 등지느러미에는 억센 가시가 12~15개 나 있어.

농어는 몸이 검다는 뜻인 '노(盧)'에 물고기 '어(魚)'자를 붙여 '노어(鱸魚)'라는 이름에서 '농어'라는 이름으로 바뀌었대.

농어는 사오월에 얕은 바닷가로 몰려왔다가 동지가 지나 날씨가 쌀쌀해지면 알을 낳고 깊은 바다로 들어가 자취를 감추고 겨울을 나. 봄에 올라온 농어는 물살이 세고 파도가 치는 갯바위 가까이에서 살아. 새우나 작은 물고기 따위를 잡아먹어. 숭어처럼 가끔 물 위로 뛰어오르기도 해. 민물을 좋아해서 강어귀에도 많이 살고 강을 거슬러 오르기도 해. 겨울에 바닷가나 만에서 알을 낳아. 새끼는 두 해쯤 지나면 어른이 돼.

농어는 몸 크기에 따라 이름이 달라. 새끼 농어는 까지매기, 옆구리에 까만 점이 있는 작은 농어는 껄떠기, 깔다구라고 해. 재미난 이야기도 있어. 중국 주나라 무왕이 천하를 거의 한 손에 움켜쥐려는 때쯤 바다를 건너는데 배 위로 농어가 뛰어 올라왔대. 그때부터 농어를 좋은 일이 생기게 하는 물고기로 여긴다지.

"오월은 농어 철, 유월은 숭어 철", "오뉴월에 농엇국도 못 얻어먹었는가?"라는 옛말이 있어. 봄철에 잡은 농어가 맛이 으뜸이라고 하는 말이야. 갯바위에서 낚시를 던지면 잘 물어. 파도가 쳐서 물살이 세고 물이 갑자기 깊어지는 곳을 좋아해. 새벽녘이나 날이 어슴푸레 어두운 저녁 무렵에 잘 잡힌대. 회로도 먹고 매운탕을 끓이거나 구워서 먹어.

사는 곳 남해, 서해, 동해, 제주
분포 우리나라, 중국, 일본
먹이 새우, 게, 멸치 같은 작은 물고기
몸길이 1m 안팎
특징 어릴 때는 몸에 까만 점이 있다가 크면 사라진다.

점농어 *Lateolabrax maculatus*
농어와 똑 닮았어. 몸통에 까만 점이 나 있다고 '점농어'야. 서해에 많이 살아.

능성어 아홉톤바리, 능시, 구문쟁이

몸길이는 50~100cm쯤 돼. 어릴 때는 몸에 까
만 줄무늬가 일곱 줄 나 있어. 나이가 들면 줄무
늬가 없어지고 꼬리지느러미 끝에 하얀 띠무늬가
생겨. 등지느러미와 뒷지느러미 가시는 두껍고
뾰족해. 꼬리지느러미 끄트머리는 둥그스름해.

능성어는 따뜻한 물을 좋아해. 물속에 바위가 많고 바닷말이 수북이 자란 곳에서 살아. 마음에 드는 한곳에 자리를 잡으면 좀처럼 안 떠나고 살아. 텃세가 심해서 다른 물고기가 오면 쫓아내지. 5~7cm쯤 되는 어린 새끼 때부터 혼자 살아. 15cm 되는 작은 새끼끼리도 자리다툼을 하지. 어릴 때는 바닷가 갯바위에서 살다가 조금 크면 바닷말이 숲을 이루고 바위가 많은 물 깊이 50~60m쯤 되는 곳에 살아. 1m가 넘게 크면 100~300m 깊은 바닷속 바위가 많은 곳으로 옮겨 가. 얕은 곳에 있다가 클수록 깊은 곳으로 자리를 옮기지. 얕은 곳에 살면 몸빛이 밤빛이지만 깊은 곳에 살수록 빨개. 낮에는 바위틈에 숨어 쉬다가 밤에 어슬렁어슬렁 나와서 전갱이나 고등어 같은 작은 물고기나 새우나 오징어 따위를 잡아먹어. 물질하는 해녀가 가까이 다가가도 안 무서워하고 도리어 사람한테 가까이 다가오기도 해. 5월쯤에 짝짓기를 하고 알을 낳아. 어릴 때는 몸에 까만 줄무늬가 세로로 줄줄이 나 있어. 크면서 줄무늬는 옅어지다가 없어지고 몸빛이 까만 보랏빛으로 바뀌어. 어릴 때랑 다 컸을 때랑 무늬가 달라.

능성어는 한곳에 눌러살기 때문에 낚시로 많이 잡아. 아침이나 저녁에 잘 낚이고 흐린 날에는 온종일 잡힌대. 회로 먹고 구워 먹어도 맛있어.

사는 곳 남해, 제주
분포 우리나라, 일본, 서태평양, 대서양, 인도양
먹이 작은 물고기, 오징어, 새우, 게, 바닷말 따위
몸길이 50~100cm
특징 어릴 때와 컸을 때 몸 무늬가 다르다.

새끼 능성어
새끼 능성어는 바닷가 얕은 갯바위 틈에서 살아. 몸빛이 불그스름한 잿빛이고 세로 줄무늬가 뚜렷해. 크면서 세로 줄무늬는 옅어지지.

달고기 허너구

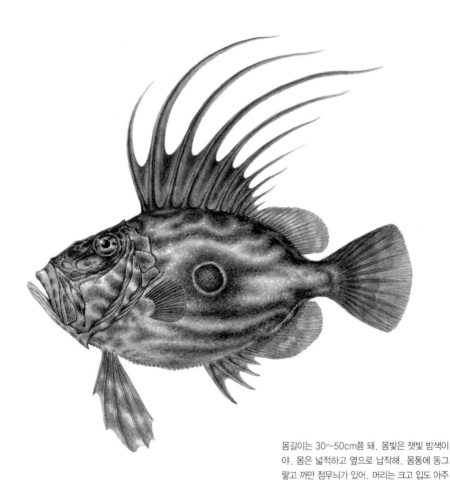

몸길이는 30~50cm쯤 돼. 몸빛은 잿빛 밤색이
야. 몸은 넓적하고 옆으로 납작해. 몸통에 동그
랗고 까만 점무늬가 있어. 머리는 크고 입도 아주
커. 눈이 머리 위쪽에 있어. 등지느러미 앞쪽 가
시가 길어.

몸통에 보름달처럼 동그란 점무늬가 있다고 이름이 '달고기'야. 우리나라 사람들은 달고기 몸통에 난 점무늬를 보름달처럼 생겼다고 했지만, 일본 사람들은 화살을 쏘아 맞히는 둥근 과녁처럼 생겼다고 여겼대. 네덜란드 사람들은 둥근 해를 닮았다고 '태양물고기'라고 한대.

달고기는 따뜻한 물을 좋아하는 물고기야. 남해와 서해, 제주도에 살고 따뜻한 물이 올라오는 동해 울릉도나 독도에서도 볼 수 있지. 물 깊이가 70~360m쯤 되는 바다 밑바닥을 어슬렁어슬렁 헤엄쳐 다녀. 등지느러미 앞쪽 가시가 꼬리지느러미에 닿을 만큼 실처럼 길어져서 물속에서 하늘거리지. 먹이가 보이면 몰래 다가가서는 주둥이를 길게 쭉 내빼서 잡아먹어. 주둥이가 빨대처럼 두 배나 길어진대. 작은 물고기나 오징어나 새우 따위를 잡아먹어. 닥치는 대로 게걸스럽게 잡아먹지. 자기 몸무게만큼 잡아먹기도 해. 4~6월 동안 짝짓기를 하고 알을 낳아. 어릴 때는 바닷말이 수북이 자란 바닷가에서 살다가 크면 깊은 곳으로 내려가.

달고기는 많이 잡히는 물고기가 아니야. 다른 물고기를 잡으려고 쳐 놓은 그물에 함께 잡혀 올라오지. 회로 먹거나 매운탕을 끓여 먹어.

사는 곳 남해, 서해, 제주, 동해
분포 우리나라, 대만, 일본, 인도, 남아프리카
먹이 작은 물고기, 오징어, 새우, 게 따위
몸길이 30~50cm
특징 몸에 동그란 까만 점무늬가 있다.

민달고기 *Zenopsis nebulosa*
몸에 둥근 까만 점이 있으면 달고기고, 없으면 민달고기야. 민달고기는 달고기보다 깊은 곳에서 살아. 몸길이도 달고기보다 커. 70cm쯤 돼.

75

대구 알쟁이대구, 곤이대구

몸길이는 70~80cm이고 큰 것은 1m가 넘기도 해. 머리와 입이 크고 위턱이 아래턱보다 길어. 아래턱에는 짧은 수염이 하나 나 있어. 등은 잿빛 밤색이고 배는 허예. 등지느러미는 세 개, 뒷지느러미는 두 개로 나뉘었어. 꼬리지느러미는 자른 듯 반듯해.

입이 크다고 이름이 '대구(大口)'야. 차가운 물을 좋아하고, 200~300m 깊은 바다에서 살아. 물 밑바닥에서 떼 지어 살면서 새우, 고등어, 청어, 멸치, 오징어, 게 따위를 닥치는 대로 잡아먹어. 먹성이 좋아서 바닥에 깔린 돌멩이까지 꿀꺽 꿀꺽 삼킨대.

'눈 본 대구요, 비 본 청어다'라는 말이 있어. 대구는 눈이 와야 많이 잡히고, 청어는 비가 와야 많이 잡힌다는 말이야. 한겨울이 돼서 바닷가 얕은 물이 차가워지면 알을 낳으러 깊은 바다에서 올라와. 12~2월에 경북 영일만과 경남 거제 앞바다로 많이들 몰려와서 짝짓기를 하고 알을 낳아. 물 흐름이 약하고 바닥이 펄로 덮인 물 깊이 20m쯤 되는 바닥에 알을 낳지. 알에서 깨어난 새끼는 한 해가 지나면 14cm, 3년 지나면 48cm, 4년이 되면 57cm쯤 커. 암컷과 수컷은 3년쯤 크면 짝짓기를 하고 알을 낳을 수 있어. 4년쯤 지나면 다 큰 어른이 돼. 큰 것은 1.2m나 되는 것도 있지. 14년쯤 살아. 서해 깊은 바다 찬물에도 대구가 살아. 대구는 맛이 좋아서 옛날부터 사람들이 많이 잡았어. 알을 낳으러 오는 때를 기다렸다가 잡지. 탕을 끓이면 국물 맛이 아주 시원해. 구워도 먹고 말려서 포를 만들기도 해. 알은 탕을 끓이거나 젓갈을 담그고, 머리는 찜을 찌거나 탕을 끓여 먹지. 내장은 젓갈을 담가. 대구 간에서 기름을 짜내 약을 만들기도 해.

사는 곳 동해, 서해
분포 우리나라, 일본, 오호츠크해, 베링해
먹이 새우, 고등어, 청어, 멸치, 오징어, 게 따위
몸길이 1m 안팎
특징 입이 크다고 대구다.

대구 수염
대구는 명태처럼 턱에 짧은 수염이 한 가닥 나 있어.

도다리

몸길이는 30cm쯤 돼. 앞에서 보면 눈은 몸 오른쪽에 있어. 다른 가자미보다 몸이 높아 마름모꼴이고 눈이 튀어나와 있고 두 눈 사이에 날카로운 돌기가 있어. 주둥이는 짧아. 몸빛은 누렇고 짙은 점무늬가 온몸에 흩어져 있어. 옆줄은 꼬리지느러미까지 곧게 쭉 뻗었어. 꼬리지느러미 끄트머리는 둥그스름해.

도다리는 가자미 무리 가운데 하나야. 가자미 무리는 생김새가 모두 닮아서 헷갈려. 돌가자미, 문치가자미, 범가자미, 도다리를 사람들이 모두 뭉뚱그려 '도다리'라고 해. 하지만 도다리는 다른 가자미와 달리 몸이 마름모꼴이고 두 눈 사이에 돌기가 있어. 또 다른 가자미보다 깊은 바다에 살아. 우리나라 바다에 사는 가자미만 스무 종이 넘어. 넙치랑 달리 앞에서 봤을 때 눈이 오른쪽에 몰려 있으면 가자미 무리라고 생각하면 돼. '왼쪽 넙치 오른쪽 가자미'라고 흔히들 말해. 정약전이 쓴 《자산어보》에는 가자미 무리가 나비처럼 납작하고 나풀나풀 헤엄친다고 '소접(小鰈)'이라고 했고, 김려가 쓴 《우해이어보》에는 '도달어'라고 썼어.

도다리는 우리나라 어느 바다에나 살아. 물 깊이가 100m 안쪽인 바닥에 파묻혀 살면서 물고기나 작은 조개나 게, 갯지렁이, 새우 따위를 잡아먹어. 늦가을부터 이듬해 봄까지 짝짓기를 하고 알을 낳아. 알은 물에 둥둥 떠다니다가 새끼가 깨어 나와. 새끼는 다른 물고기처럼 눈이 양쪽에 달렸는데 2.5cm쯤 자라면 바닥에 내려가 살아. 이때가 되면 눈이 한쪽으로 쏠리지. 한 해가 지나면 10~11cm, 3년이면 21cm, 4년이면 24cm쯤 커. 서해에 사는 도다리는 겨울이 되면 제주도 서쪽 바다로 내려가 겨울을 나.

도다리는 그물이나 낚시로 잡아. 회를 뜨거나 굽거나 탕을 끓여 먹어. 예전에는 많이 잡았는데 요즘에는 수가 많이 줄어서 보기 힘들어.

사는 곳 동해, 서해, 남해, 제주
분포 우리나라, 일본, 대만, 중국
먹이 물고기, 조개, 게, 갯지렁이, 새우 따위
몸길이 30cm쯤
특징 몸이 마름모꼴이다.

도루묵

도루메기(북), 도루묵이, 도루매이, 활맥이, 환목어, 돌메기, 은어

몸길이는 15cm 안팎이야. 등은 누렇고 까만 물결무늬가 있어. 배는 하얘. 몸에 비늘이 없고 반질반질해. 옆줄도 없어. 입은 크고 비스듬히 위쪽을 향해 나 있어. 아가미뚜껑에 작은 가시가 다섯 개 있어. 등지느러미는 두 개인데 앞쪽 지느러미는 삼각형으로 뾰족 솟았어. 가슴지느러미가 넓적하게 커. 꼬리지느러미 끝은 자른 듯이 반듯해.

도루묵이란 이름에는 재미난 이야기가 있어. 조선시대 선조 임금이 동해 바닷가에 왔다가 '묵'이라 하는 물고기를 먹어 보고는 기가 막히게 맛이 좋아서 '은어'라는 이름을 붙여 주었대. 한양으로 돌아온 뒤에 그 맛을 못 잊어 강원도에서 가져다가 다시 맛을 보았는데 어째 그때 그 맛이 아니라서 "도로 '묵'이라 하라." 하여 이름이 도루묵이 되었대. 그 뒤로 사람들은 하던 일이 물거품이 돼서 다시 처음부터 시작해야 할 때 "말짱 도루묵이네."라는 말을 하게 되었다지. 또 옛날 사람들은 도루묵을 하찮은 물고기로 여겨서 힘들게 건져 올린 그물에 가득 찬 도루묵을 보고 한숨을 쉬며 '말짱 도루묵'이라고 했다지.

도루묵은 찬물을 좋아하는 물고기야. 200~350m 깊은 바다 밑 모랫바닥에 살아. 낮에는 모랫바닥에 몸을 파묻고 있다가 아침저녁에 나와 돌아다녀. 작은 멸치나 새우 따위를 잡아먹고 바닷말을 뜯어 먹기도 해. 11월말에서 12월 겨울이되면 바닷말이 수북이 자란 물 깊이 2~10m쯤 되는 얕은 바닷가에 떼로 몰려와 알을 낳아. 알은 공처럼 둥그렇게 덩어리져서 바닷말에 붙지. 70일쯤 지나면 알에서 새끼가 깨어나. 알에서 깨어난 새끼는 3년이 지나면 어른이 되고 5~7년을 살아.

사람들은 겨울철에 알이 밴 도루묵을 잡아. 도루묵은 비린내가 안 나. 자박자박 조려 먹거나 매운탕을 끓여 먹거나 굵은 소금을 뿌려 구워 먹어.

사는 곳 동해
분포 우리나라, 일본, 북태평양
먹이 어린 멸치, 명태 알, 플랑크톤 따위
몸길이 15cm 안팎
특징 겨울에 바닷가로 몰려와 알을 낳는다.

도루묵 알
도루묵 한 마리가 알을 500~2,000개쯤 낳아. 알은 둥그렇게 덩어리져서 바닷말에 붙어.

독가시치 따치

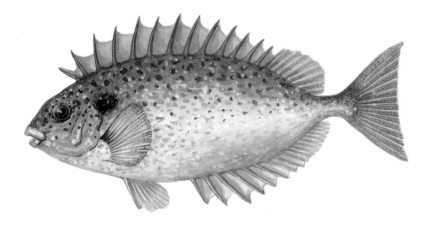

몸길이는 40cm쯤 돼. 몸은 옆으로 아주 납작
해. 몸빛은 누런 밤색이고 하얗고 까만 작은 점들
이 많이 나 있어. 사는 곳에 따라 몸빛이 달라져.
입은 작고 둥글어. 등지느러미와 뒷지느러미, 배
지느러미에 날카로운 가시가 있어. 비늘은 작고
둥글어. 꼬리지느러미 끄트머리는 얕게 파였어.

독이 있는 가시를 가진 물고기라고 이름이 '독가시치'야. 등지느러미, 배지느러미, 뒷지느러미 가시가 모두 송곳처럼 뾰족한데 독가시야.

독가시치는 따뜻한 바다에서 살아. 제주 바다에 많이 살지. 물 깊이가 10m 안팎이고 바닷말이 숲을 이루고 바위가 울퉁불퉁 솟은 곳에 살아. 낮에 떼를 지어 몰려다니면서 여느 물고기와 달리 바닷말을 뜯어 먹어. 서양 사람들은 바닷말을 뜯어 먹는 모습을 보고 토끼 같다며 '토끼물고기(rabbitfish)'라고 해. 7~8월이 되면 바닷말에 알을 붙여 낳지. 알에서 깨어난 새끼는 물에 둥둥 떠다니면서 동물성 플랑크톤을 먹으며 커. 2년쯤 크면 어른이 돼. 어른이 되면 바닷말을 뜯어 먹으며 살지. 2년이 지나면 26cm, 4년이면 30cm, 6년이면 34cm쯤 커.

독가시치는 바닷가 갯바위에서 낚시로 많이 잡아. 제주도 사람들은 '따치'라고 해. 잡았을 때는 가시에 찔리지 않게 조심해야 돼. 찔리면 무지 아파. 회를 떠 먹어.

사는 곳 제주, 남해
분포 우리나라, 일본, 동중국해,
　　　태평양, 인도양
먹이 바다풀, 새우, 갯지렁이 따위
몸길이 40cm
특징 가시에 독이 있다.

돌돔
돌도미(북), 아홉동가리, 줄돔, 청돔, 갓돔, 갯돔, 돌톳

몸길이는 30~50cm쯤 돼. 70cm까지 크기도
해. 몸이 옆으로 납작해. 몸에는 까만 세로 띠무
늬가 일곱 줄 나 있는데 크면 없어져. 입은 작고
새 부리처럼 튀어나왔어. 이빨은 통으로 붙어서
층을 이루고 돌처럼 단단해. 눈 뒤로 등이 높아.

　돌밭에서 산다고 '돌돔'이야. 몸에 까만 줄이 나 있다고 '줄돔'이라고도 해. 바닷가 갯바위가 많은 곳에서 살아. 갯바위에 사는 물고기 가운데 힘이나 생김새가 으뜸이라 '갯바위의 제왕'이라고 한대. 낮에는 바위틈을 어슬렁어슬렁 헤엄쳐 다녀. 물낯 가까이 올라오기도 하지. 그러다 먹이를 보면 쏜살같이 달려들어. 이빨이 튼튼해서 성게나 소라나 조개도 아드득 깨서 속살을 쪽쪽 빨아 먹지. 자기가 먹이를 먹을 때 다른 물고기가 가까이 오면 부레를 옴쭉옴쭉 움직여서 '구-, 구-' 소리를 내. 다른 물고기를 쫓아내려고 내는 소리래. 밤에는 바위틈에 들어가 꼼짝 않고 쉬어. 늦봄부터 여름 들머리에 짝짓기를 하고 알을 낳아. 알에서 깨어난 쪼그만 새끼들은 떼를 지어, 물에 둥실둥실 떠다니는 바닷말 밑에 숨어 살아. 크면서 바위가 많은 물 밑으로 내려가 살지. 어릴 때는 몸이 노랗고 까만 세로 띠무늬가 뚜렷해. 나이가 들면 띠무늬가 흐릿해 지면서 몸빛이 잿빛으로 바뀌고 주둥이만 까매.

　돌돔은 사람들이 갯바위 낚시로 많이 낚아. 눈도 밝고 호기심도 많대. 그런데 튼튼한 이빨로 낚싯줄도 뚝뚝 잘 끊고, 힘도 장사라 낚싯대가 휘청휘청 휠 정도야. 잡아서 회를 뜨거나 매운탕을 끓이거나 구워 먹어. 여름에 가장 맛있대. 요즘에는 사람들이 가둬서 길러.

사는 곳 남해, 제주, 서해, 동해
분포 우리나라, 일본, 중국
먹이 게, 조개, 고둥 따위
몸길이 30~50cm
특징 몸에 까만 세로 줄무늬가 줄지어 나 있다.

강담돔 *Oplegnathus punctatus*
강담돔도 돌돔처럼 갯바위에 살아. 하지만 돌돔보다 더 따뜻한 바다에 살지. 표범처럼 까만 점무늬가 온몸에 나 있어.

동갈돗돔 짧은수염도미(북)

다 크면 몸길이가 40cm쯤 돼. 50cm까지 자라
기도 해. 눈이 툭 불거졌고 머리 뒤로 등이 우뚝
솟았어. 몸은 밤색인데 넓고 까만 띠무늬 두 개가
비스듬하게 꼬리 쪽으로 나 있어. 몸은 단단한 비
늘로 덮여 있어. 꼬리지느러미 끝이 둥글어.

　동갈돗돔은 얕은 바닷가에서부터 물 깊이가 30~90m쯤 되고 모래가 깔린 펄 바닥에서 살아. 민물과 짠물이 뒤섞이는 강어귀에서도 자주 볼 수 있어. 낮에는 끼리끼리 모여 있다가 밤이 되면 저마다 흩어지지. 어릴 때는 물속 바위틈에 옹 기종기 잘 모여 있어. 게나 새우 따위를 많이 먹고 작은 물고기도 잡아먹어. 몸 색깔과 무늬가 감정에 따라 짙고 연하게 바뀌지. 동갈돗돔 입술은 두툼해. 꼭 사람 입술 같아. 두툼한 입술이 골난 사람처럼 툭 불거졌다고 서양 사람들은 '투덜 이'라고도 한대.

　동갈돗돔은 수가 많지 않아서 그리 많이 잡히지 않아. 운 좋게 낚시로 잡으면 오랜만에 찾아왔다고 '손님고기'라고 한다지. 다른 물고기는 알을 낳은 뒤에는 맛이 없는데, 동갈돗돔은 오히려 맛이 더 좋대. 그래서 알을 낳는 봄여름에 낚시 로 낚아. 물에서 나오면 '꿀, 꿀' 거리며 돼지 소리로 운대.

어름돔 *Plectorhinchus cinctus*
동갈돗돔과 닮았는데 몸이 더 커서 60cm 쯤 돼. 동갈돗돔처럼 몸에 검은 줄무늬가 있지만 등지느러미와 꼬리지느러미에 동글동글한 검은 점이 나 있어. 우리나라 바닷가뿐만 아니라 열대 바다에도 살아.

사는 곳 서해, 남해
분포 우리나라, 일본, 대만, 동중국해
먹이 게, 새우, 작은 물고기 따위
몸길이 40cm
특징 입술이 두툼하다.

돛새치

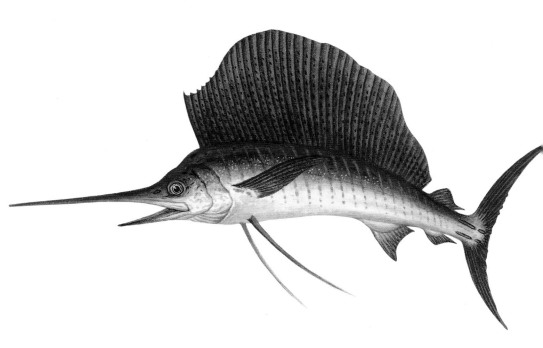

몸길이는 3m 안팎이야. 몸은 길쭉하고 주둥이가 길게 뾰족해. 등은 파랗고 배는 하얗고 누래. 몸에는 세로줄 무늬가 17개쯤 나 있어. 등지느러미는 돛처럼 크고, 배지느러미는 실처럼 가늘고 길어. 꼬리지느러미는 눈썹달처럼 생겼어.

등지느러미가 돛처럼 활짝 펼쳐진다고 '돛새치'야. 청새치처럼 먼바다 너른 바다를 마음껏 헤엄쳐 다녀. 따뜻한 바닷물을 따라 제주 바다에 올라오지. 새치 무리 가운데 바닷가로 가장 가깝게 다가와. 등지느러미를 물 밖으로 내놓고 여러 마리가 무리 지어 헤엄쳐 다녀. 바닷물고기 가운데 헤엄을 으뜸으로 잘 쳐서 100km 넘는 속도를 낼 수 있지. 물고기 떼를 찾으면 등지느러미를 뒤로 눕혀서 접고 천천히 뒤따라가. 그리고는 여러 마리가 서로 도와서 물고기 떼를 한곳에 구름처럼 똘똘 뭉치게 하지. 이때다 싶으면 돛을 쫙 펼치고 쏜살같이 달려 들어가 쇠꼬챙이 같은 주둥이로 먹이를 후려쳐 잡아. 정어리나 고등어처럼 작은 물고기나 오징어 따위를 잡아먹지. 여름이 되면 짝짓기를 하고 알을 낳아. 알에서 깨어난 새끼는 1.6m쯤 크면 어른이 되지. 돛새치는 짝짓기를 할 때나 사냥할 때는 돛을 접었다 폈다 하고, 파란 몸 색깔을 눈 깜짝할 사이에 까만색으로 바꾸고는 해.

우리나라에는 돛새치, 청새치, 녹새치, 백새치, 황새치 다섯 종이 올라와. 등지느러미 생김새가 모두 다 달라. 낚시로 잡아서 꽝꽝 얼린 뒤 회로 먹어.

사는 곳 제주
분포 태평양, 인도양
먹이 작은 물고기, 오징어 따위
몸길이 3m 안팎
특징 등지느러미를 돛처럼 접었다 폈다 한다.

뚝지 도치(북), 씬퉁이, 멍텅구리

다 크면 몸길이가 35cm쯤 돼. 몸은 둥실하고 꼬리는 짧아. 몸빛은 푸르스름한 밤색이거나 거무스름하고 구불구불한 까만 점이 잔뜩 나 있어. 몸에 비늘이 없고 매끈해. 배에 빨판이 있어. 등지느러미와 뒷지느러미가 몸 뒤쪽에서 위아래로 마주 났어. 꼬리지느러미 끝은 둥글어.

뚝지는 몸이 둥실둥실하고 살도 물컹물컹해. 위에서 보면 마치 풍선을 훅 불어 놓은 것처럼 몸뚱이가 빵빵해. 커다란 올챙이 같기도 하지. 누가 건들면 몸을 더 크게 부풀려. 생김새가 웃겨서 겨울에 잡히는 바닷물고기 가운데 아귀와 물메기와 함께 '못난이 삼형제'라고 놀리지.

뚝지는 찬물을 좋아하고 물속 100~200m 깊이에서 살아. 배에 동그란 빨판이 있어서 물속 바위에 딱 붙을 수 있어. 사람이 두 손으로 힘껏 잡아당겨도 안 떨어질 만큼 딱 붙어. 먹이를 잡을 때는 헤엄쳐 다니지. 겨울철이 되면 알을 낳으러 동해 바닷가로 몰려나와. 바위가 울퉁불퉁 많은 곳에서 알을 낳아. 바위에 알 덩어리를 붙이고 수컷이 곁에서 알을 지킨대. 알이 잘 깨어나도록 지느러미를 살랑살랑 흔들어 신선한 물을 대 주지. 예전에는 징그럽게 생겼다고 안 잡았어. 지금은 하얀 살이 담백해서 회로도 먹고 탕도 끓여 먹어. 잡아서 물통에 넣어두면 배를 뒤집고 공처럼 둥둥 떠다녀. 겨울에 그물을 쳐서 잡아.

사는 곳 동해
분포 우리나라, 일본, 캐나다, 북태평양
먹이 동물성 플랑크톤
몸길이 35cm
특징 물속 바위에 딱 붙어산다.

빨판
꼼치처럼 배에 빨판이 있어서 돌이나 바위에
딱 붙어. 배지느러미가 바뀌어서 빨판이 됐어.

말뚝망둥어 말뚝고기, 나는망동어, 나는문절이

다 크면 몸길이가 10cm쯤 돼. 몸 색깔은 검은
밤색이야. 눈이 머리 위쪽에 툭 튀어나왔고 서로
바짝 붙어 있어. 주둥이는 짧고 둔하게 생겼어.
입은 아래쪽에 붙어 있지. 등지느러미는 두 개고
배지느러미는 빨판으로 바뀌었어. 꼬리지느러미
끝은 둥글어.

말뚝망둥어는 갯벌에 구멍을 파고 사는 물고기야. 물고기지만 헤엄치기를 싫어하고 오히려 물속보다 물 밖에서 더 잘 지내. 물 밖에서도 거뜬히 숨을 쉬며 살수 있지. 물속에서는 아가미로 숨을 쉬고, 물 밖에서는 아가미 속에 있는 주머니에 공기를 잔뜩 집어넣거나 살갗으로 숨을 쉬거든. 너른 갯벌에서 가슴지느러미를 두 팔처럼 써서 어기적어기적 기어 다녀. 눈이 머리 위로 툭 불거져서 사방을 훤히 잘 보지. 깜짝 놀라거나 도망갈 때면 온몸을 용수철처럼 통통 튕기면서 뛰어 달아나. 물수제비뜨듯이 물낯을 튕기며 달아나기도 하지. 갯벌을 이리저리 돌아다니며 갯지렁이나 작은 새우 따위를 잡아먹어. 갯벌 진흙을 갑작갑작 긁어서 훑어 먹기도 해. 갯벌로 밀물이 슬금슬금 밀려오면 갯벌에 박혀 있는 말뚝이나 바위에 잘 올라가. 배지느러미가 합쳐서 빨판이 되었거든. 그 빨판으로 배를 딱 붙이고 있지. 말뚝에 잘 올라간다고 '말뚝망둥어'라는 이름을 얻은 거야. 생김새도 말뚝을 닮았어.

말뚝망둥어는 여름이 되면 굴속에 알을 낳아. 암컷이 알을 낳으면 수컷이 곁을 지켜. 서리가 내리면 굴속에 들어가 겨울잠을 자. 이듬해 벚꽃이 필 때쯤에야 기지개를 켜고 나오지. 예전에는 잡아다 국을 끓여 먹었는데 요즘에는 잘 안 먹어.

사는 곳 서해, 남해 갯벌
분포 우리나라, 일본, 중국, 호주, 인도, 홍해
먹이 갯지렁이, 작은 새우, 펄 속에 사는 작은 동물
몸길이 10cm 안팎
특징 말뚝에 잘 올라간다.

빨판
말뚝망둥어는 배지느러미가 서로 붙어서 빨판으로 바뀌었어. 바위나 말뚝에 착 달라붙지.

말쥐치 쥐고기

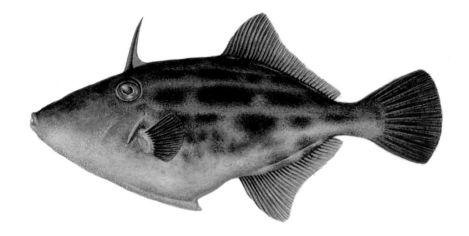

몸길이는 30cm 넘게 커. 몸은 긴 타원형이고 옆으로 납작해. 몸 빛깔은 잿빛 밤색이고 까만 무늬가 흩어져 있어. 지느러미는 파래. 첫 번째 등지느러미가 따로 떨어져 큰 가시로 솟았어. 살갗은 작은 비늘이 덮여 있어 까칠까칠해. 꼬리지느러미 끝은 조금 둥글어.

머리 생김새가 말 머리를 닮았다고 '말쥐치'야. 쥐치보다 몸이 크다고 '말쥐치' 라는 이름이 붙었다고도 해. 우리나라 어느 바다에나 물 깊이 70~100m쯤에서 살아. 낮에는 물 가운데쯤에서 헤엄치고, 밤이 되면 바닥으로 내려가. 플랑크톤 이나 바닥에 사는 갯지렁이나 조개 따위를 잡아먹어. 또 촉수에 독이 있어서 다 른 물고기는 얼씬도 안 하는 해파리를 따라다니며 톡톡 쪼아 뜯어 먹지. 말쥐치 는 몸 색깔과 무늬가 기분 따라 바뀌어서 흥분하면 무늬가 가장 짙게 나타난대. 또 무리 가운데 지위가 높을수록 몸 옆쪽에 있는 까만 무늬가 더 짙어. 4~7월 동 안 바닷말 숲에서 알을 낳아. 알은 끈적끈적해서 바닷말에 들러붙지. 알에서 깨 어난 새끼는 바다에 떠다니는 바닷말 더미 밑에 무리를 지어 살아. 크면서 바닥 으로 내려가. 한 해가 지나면 18cm, 3년이면 26cm쯤 커. 한 해쯤 지나면 어른 이 돼.

말쥐치는 그물이나 낚시로 잡아. 낚시를 드리우면 미끼를 날름날름 따 먹는다 고 낚시꾼들이 미워해. 쥐치처럼 물 밖으로 나오면 '찍, 찍' 쥐 소리를 내며 운대. 1970년대에 많이 잡힐 때는 맛도 없고 껍질도 질기다며 쓸모없는 물고기로 버 려졌대. 그런데 살을 포 떠서 꾸덕꾸덕 말려 쥐포를 만들면서 사람들이 모두 좋 아하는 물고기가 됐지. 갓 잡아 회를 떠 먹기도 해.

사는 곳 동해, 서해, 남해, 제주
분포 우리나라, 일본, 동중국해
먹이 플랑크톤, 갯지렁이, 조개, 해파리 따위
몸길이 30cm
특징 등지느러미 가시를 뉘였다 세웠다 할 수
　　　있다.

객주리 *Aluterus monoceros*
더운 물을 좋아하고 얕은 바닷속에서 살
아. 말쥐치처럼 머리 위에 가시 하나가
뾰족하게 솟았어. 90cm넘게 커.

망상어

바다납주레기(북), 망사, 망싱이, 맹이, 망치어, 떡망사, 떡망싱이

몸길이는 30cm쯤 돼. 몸빛은 잿빛 밤색이나 붉은 밤색이나 엷은 풀색이야. 사는 곳에 따라 달라. 몸은 옆으로 납작해. 입이 작고 눈은 커. 옆줄이 뚜렷해. 꼬리지느러미는 깊게 파였어.

정약전이 쓴 《자산어보》에는 망상어를 입이 작다고 '소구어(小口魚)'라고 하고 사람들은 '망치어'라고 부른다 하고는 "큰 놈은 크기가 한 자쯤이고, 생김새는 도미를 닮았지만 높이는 더 높고 입이 작으며 빛깔이 희다. 새끼를 낳는다. 살이 희고 부드럽고 맛이 달다."라고 써 놓았어. 또 생김새가 민물에 사는 붕어를 닮았다고 '바다붕어'라고도 해.

망상어는 남해와 동해 바닷가 갯바위나 방파제에서 쉽게 볼 수 있는 물고기야. 그런데 사는 곳에 따라 몸빛이 많이 달라. 잿빛 밤색에 반짝반짝 빛나는 망상어가 가장 많아. 바위 밭에 살면 불그스름하고, 바닷말 숲에 살면 엷은 풀빛을 띠지. 떼 지어 다니면서 동물성 플랑크톤이나 갯지렁이나 작은 새우나 조개 따위를 먹고 살아. 가을에 짝짓기를 하면 몇 달 뒤에 아기를 밴 엄마처럼 어미 배가 불룩해져. 어미 배에서 새끼가 깨어난 거야. 새끼는 대여섯 달을 아기처럼 어미 배 속에서 영양분을 받아먹으며 지내. 이듬해 오뉴월이 되면 꼬리부터 후둑후둑 새끼가 빠져나와. 갓 나온 새끼들은 어른 손가락만 해.

사람들은 갯바위에서 낚시로 많이 잡아. 구워도 먹고 탕을 끓이거나 조려도 먹지. 옛날에는 아기를 가진 엄마가 먹으면 안 된다고 했어. 망상어를 먹으면 아기가 다리부터 거꾸로 나온다는 헛소문이 있었대. 하지만 그럴 일은 전혀 없어.

사는 곳 남해, 동해
분포 우리나라, 일본, 캐나다, 미국
먹이 플랑크톤, 지렁이, 새우, 조개 따위
몸길이 30cm
특징 새끼를 낳는다.

새끼 낳는 모습
망상어는 다른 물고기보다 새끼를 적게 낳아. 한 번에 열 마리에서 서른 마리쯤 낳지.

먹장어

꼼장어, 묵장어, 꾀장어, 곰장어

몸길이는 50~60cm쯤 돼. 몸빛은 밤색이야.
몸은 뱀처럼 길어. 비늘이 없고 몸은 반들반들
해. 입은 동그래. 머리에서 꼬리까지 배 쪽에 작
은 구멍들이 줄지어 나 있고, 아가미구멍 예닐곱
개가 쌍으로 마주 나 있어. 등지느러미와 뒷지느
러미는 없고 꼬리지느러미만 있어.

먹장어는 '눈 먼 장어'라는 뜻이야. 사람들은 흔히 '꼼장어'라고 해. 장어라는 이름이 붙었지만 장어 무리랑 영 딴판인 물고기야. 장어와 달리 뼈가 물렁물렁하고 턱이 없어서 입이 뾰족하지 않고 둥글어. 입가에는 짧은 수염이 서너 쌍 나 있지. 눈은 없고 살갗 아래에 신경만 모여 있어. 밤인지 낮인지만 알아. 눈 있는 곳 살갗 색깔이 조금 하얘. 물고기 가운데 가장 원시적인 물고기야.

먹장어는 물 깊이가 40~60m쯤 되는 얕은 바다 밑바닥에서 살아. 부레가 없어서 물 위로 떠오르지 못해. 더구나 꼬리지느러미만 있고 나머지 지느러미는 하나도 없어. 헤엄을 잘 못 치고 꿈틀꿈틀 기어 다니기를 좋아해. 낮에는 펄 바닥이나 모랫바닥 속에 숨어서 콧구멍과 수염만 밖으로 내밀고 있어. 밤에 나와서 먹이를 찾지. 물고기가 죽어서 바닥에 떨어지면 냄새를 맡고 달려들어서 깨끗이 먹어 치운대. 그래서 '바다 청소부'라고도 해. 먹잇감 몸속을 파고 들어가 입속에 감춘 이빨을 드러내서 살을 파먹지. 먹장어는 몸이 미끌미끌해. 몸에 난 구멍에서 끈적끈적하고 미끌미끌한 물이 나오거든. 큰 물고기가 덤비면 끈끈한 물을 잔뜩 내뿜어서 몸 가까이에 있는 바닷물을 묵처럼 만들어. 그러면 큰 물고기도 어쩌지 못한대. 7~9월에 조금 더 깊은 곳으로 들어가 짝짓기를 하고 알을 낳아. 사람들은 통발로 잡아서 구워 먹어. 껍질은 가죽으로 만들어서 가방이나 지갑을 만들지.

사는 곳 남해, 서해, 제주
분포 우리나라, 일본, 동중국해
먹이 죽은 물고기, 갯지렁이
몸길이 50~60cm
특징 턱이 없다.

매듭짓기
먹장어는 다른 물고기에 착 달라붙으면 몸을 꼬아서 매듭을 지어. 힘을 쓰려고 그런 거야. 몸에서 끈끈한 점액을 훑어 낼 때도 매듭을 짓는대.

멸치

멸, 멋, 메루치, 메르치

다 크면 15cm쯤 돼. 등은 파랗고 배는 하얗지.
몸은 작고 날씬해. 입이 커서 눈 뒤까지 와. 아래
턱이 위턱보다 짧아. 옆줄은 없어. 꼬리지느러미
는 가위처럼 파였어.

멸치는 다 커도 한 뼘밖에 안 돼. 몸집이 작고 하찮은 물고기라고 정약전이 쓴 《자산어보》에는 '추어(鯫魚)', '멸어(蔑魚)'라고 했고, 물 밖으로 나오면 곧바로 죽는다고 '멸어(滅魚)'라고도 했어.

멸치는 따뜻한 물을 따라 떼로 몰려다니는 물고기야. 봄에 올라왔다가 가을에 남쪽으로 내려가. 봄에 올라온 멸치 떼는 얕은 바닷가에서 알을 낳아. 멸치 알은 동그랗지 않고 길쭉한 타원형이야. 밤에 알을 1,700~16,000개쯤 낳지. 알에서 깨어난 새끼 멸치는 강어귀나 바닷가에서 떼로 몰려다녀. 몸집이 작으니까 작은 플랑크톤을 먹고 크지. 한 달 지나면 2cm, 석 달 지나면 7cm, 한 해 지나면 11cm쯤 커. 이 년쯤 살아. 낮에는 물속에서 헤엄치다가 밤이 되면 물낯 가까이 올라와 헤엄쳐 다녀. 몸집이 작고 늘 떼로 몰려다니니까 방어나 고등어 같은 큰 물고기가 쫓아다니며 잡아먹어. 어떤 때는 큰 물고기에게 정신없이 쫓기다 바닷가 모래밭으로 뛰쳐나오기도 한대.

멸치는 불빛을 좋아해. 밤에 불을 환하게 밝혀 놓으면 떼로 몰려들어. 그때 그물로 잡아. 잡은 멸치는 곧바로 삶아서 햇볕에 말려. 마른 멸치는 통째로 먹거나 볶거나 조려 먹고 국물을 우려내기도 해. 젓갈을 담그거나 회로도 먹어.

사는 곳 남해, 서해, 동해
분포 우리나라, 일본, 중국
먹이 플랑크톤
몸길이 15cm쯤
특징 몸집에 비해 입이 아주 크다.

멸치 떼
멸치는 몸집도 작고 힘도 없으니까 떼로 몰려다녀. 멸치를 잡아먹으려고 온갖 큰 물고기와 새가 쫓아다니지.

명태

동태, 선태, 망태, 노가리, 북어

몸길이는 90cm쯤 돼. 등은 누런 밤색이야. 몸통 옆에는 까만 무늬가 토막토막 줄지어 나 있어. 입은 크고 아래턱이 위턱보다 튀어나와 있어. 아래턱 밑에는 짧은 수염이 한 가닥 있지. 대구처럼 등지느러미가 세 개, 뒷지느러미가 두 개야.

명태라는 이름은 조선 시대에 함경도 관찰사가 명천군에 갔다가 명태를 보고 명천군 앞 자인 '명'자와 명태잡이 어부였던 '태'씨 성을 붙여서 지었다고 해.

명태는 차가운 물을 좋아해. 물이 따뜻해지는 여름철에는 추운 북쪽으로 올라가거나 바다 깊이 들어가. 물 깊이가 100~400m쯤 되는 깊은 바닷속을 때로 몰려다녀. 낮에는 물 밑바닥 가까이까지 내려가고 물속 1,000m까지도 내려간대. 명태 닮은 대구가 물 밑바닥에서 산다면 명태는 그보다 위쪽에서 살아. 어릴 때는 작은 새우 따위를 먹다가 어른이 되면 오징어나 작은 물고기를 잡아먹지. 겨울이 되면 알을 낳으러 동해 바닷가로 몰려와. 1~2월에 가장 많이 몰려와서 알을 낳지. 물 깊이가 70~250m쯤 되는 바닷가에서 밤에 알을 낳아. 암컷 한 마리가 알을 20만~200만 개쯤 낳아. 알은 물에 흩어져 둥둥 떠다니다가 새끼가 깨어나와. 5cm쯤 크면 물 밑으로 내려가고 한 해가 지나면 15cm, 2년에 23cm, 4년에 40cm쯤 커. 사오 년이 지나야 어른이 된대.

명태는 옛날부터 우리나라 사람 누구나 즐겨 먹는 물고기야. 알을 낳으러 때로 몰려오는 겨울에 잡아. 잡으면 버릴 것 하나 없이 알뜰하게 먹어. 싱싱한 생태로 탕을 끓이고, 바짝 말린 북어로는 북엇국을 끓여. 꾸덕꾸덕하게 말린 황태로는 찜을 쪄 먹지. 명태 알로 젓갈을 담그면 명란젓이 돼. 살로 어묵도 만들어.

황태 덕장
명태만큼 이름이 많은 물고기도 없을 거야. 새끼는 노가리라고 하고, 잡은 그대로 싱싱한 명태는 생태, 꽝꽝 얼리면 동태, 꾸덕꾸덕하게 말리면 코다리, 바짝 말리면 북어, 겨울바람에 얼렸다 녹였다 하면서 말리면 황태라고 해.

사는 곳 동해
분포 우리나라, 오호츠크해, 베링해
먹이 작은 새우, 오징어, 작은 물고기 따위
몸길이 90cm
특징 등지느러미가 세 개로 나뉘었다.

무태장어 깨붕장어, 깨붕어

몸길이는 1m쯤 돼. 2m가 넘게 크기도 해. 몸빛
은 누렇고 등에는 까만 점무늬가 잔뜩 나 있어.
몸은 뱀장어처럼 길어. 몸에 비늘이 없고 미끈미
끈해. 등지느러미와 뒷지느러미가 길어서 꼬리지
느러미와 이어져. 꼬리지느러미는 뾰족하고 옆으
로 납작해.

무태장어는 뱀장어처럼 민물에서 살다가 깊은 바다로 들어가 알을 낳아. 알에서 깨어난 새끼는 먼바다를 헤엄쳐 와서 강을 거슬러 올라가. 민물에서 어른이 될 때까지 살아. 오 년에서 팔 년쯤 민물에서 지낸대. 바닷물고기라기보다 민물고기에 가깝지. 구멍이나 돌 틈에 살면서 낮에도 나와 먹이를 잡아. 먹성이 게걸스러워서 작은 물고기나 새우나 개구리 따위를 닥치는 대로 먹어. 바다로 나간 뒤에는 하도 깊은 바닷속에 들어가 알을 낳아서, 정확히 어디서 알을 낳는지 아직까지 잘 몰라. 아마도 필리핀 남부, 마다가스카르, 인도네시아 동북, 파푸아뉴기니 바다일 거라고 짐작하고 있어. 열대 지방 강에는 흔하지만 우리나라와 중국, 일본에서는 수가 적어서 천연기념물로 정해서 보호하고 있어.

뱀장어 *Anguilla japonica*
뱀처럼 생겼다고 뱀장어야. 민물에 산다고 '민물장어'라고도 해. 무태장어처럼 민물에서 살다가 크면 바다로 나가서 알을 낳아.

사는 곳 제주, 남해
분포 우리나라, 일본, 중국, 아프리카,
　　　남태평양, 동남아시아
먹이 작은 물고기, 새우, 조개, 게, 개구리 따위
몸길이 1m
특징 천연기념물로 보호한다.

문절망둑 문저리, 꼬시래기, 문절이

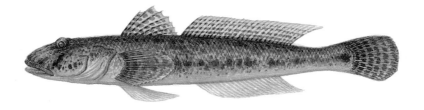

몸길이는 20cm쯤 돼. 몸은 잿빛 밤색이야. 몸
통에는 밤색 점무늬가 이리저리 나 있지. 머리는
위아래로 조금 납작하고 몸은 옆으로 납작해. 몸
에 견주어 머리와 입이 커. 눈은 작고 머리 위쪽
에 있어. 배지느러미가 서로 붙어서 둥그런 빨판
으로 바뀌었어. 몸은 풀망둑보다 짤막하고 뚱뚱
해. 꼬리지느러미에 반점이 있고 끝이 둥글어.

문절망둑은 민물이 섞이는 강어귀나 바닷가 얕은 모래펄 바닥에 살아. 때로는 강을 따라 올라오기도 해. 물이 조금 더러워도 잘 살아. 배에 빨판이 있어서 물속 바위나 바닥에 딱 붙어 있기를 좋아해. 얕은 물가에 살아서 물살에 휩쓸리지 않으려다 배지느러미가 빨판으로 바뀐 거래. 먹성이 게걸스러워서 새우나 게나 물고기나 바닥에 있는 유기물을 가리지 않고 먹어. '꼬시래기 제 살 뜯기'라는 말이 있을 정도야. 꼬시래기는 문절망둑을 달리 부르는 이름이지. 낮에는 먹이를 찾아 먹고 밤이 되면 옹기종기 모여 앉아 얌전하게 쿨쿨 자. 얼마나 정신없이 자는지 사람이 손으로 움켜쥐어도 세상모르고 잔대.

문절망둑은 봄이 되면 집을 짓고 알을 낳아. 수컷이 Y자 모양으로 진흙을 파서 집을 만들면 암컷이 들어와 알을 낳지. 알이 깨어날 때까지 수컷이 곁을 지켜. 새끼가 깨어나면 아빠 물고기는 죽는대. 한두 해 살고 서너 해까지 살기도 해.

문절망둑은 가을에 낚시로 잡아. 겨울을 나려고 아무거나 닥치는 대로 먹어서, 미끼를 꿰어 낚시를 던져 놓으면 넙죽넙죽 잘도 물어. 가을 망둑은 맛이 아주 좋대. 회를 뜨거나 구워 먹지.

풀망둑 *Synechogobius hasta*
풀망둑은 문절망둑과 아주 닮았어. 몸 빛깔은 연한 잿빛 밤색에 풀빛이 돌아. 문절망둑보다 훨씬 크게 자라지만 꼬리가 더 날씬하지. 몸길이가 50cm 넘게도 자라.

사는 곳 서해, 남해, 동해
분포 우리나라, 일본, 중국
먹이 새우, 게, 작은 물고기, 유기물 따위
몸길이 20cm 안팎
특징 배에 빨판이 있다.

문치가자미

문치가재미, 도다리

몸길이는 30~50cm쯤 돼. 몸은 넓적한 타원형
이야. 몸빛은 진한 밤색에 까만 반점이 나 있어.
두 눈 사이에 비늘이 있고, 옆줄이 가슴지느러미
위에서 둥그렇게 한번 휘어지다가 그 뒤로는 꼬
리지느러미까지 쭉 뻗어. 주둥이는 뾰족해. 위턱
에는 이빨이 없고 아래턱에 이빨이 한두 개 나 있
어.

문치가자미도 다른 가자미처럼 앞에서 볼 때 눈이 오른쪽으로 쏠렸어. 남해에
서는 '도다리'라고 해. 옛날에는 눈이 한쪽에만 있다고 '외눈박이 물고기'라고 했
고, 넙치나 가자미는 눈이 나란히 나 있다고 '비목어(比目魚)'라고도 했어. 옛날
사람들은 눈이 한쪽에만 있기 때문에 짝을 만나 서로 눈이 없는 쪽을 맞대고 나
란히 딱 붙어 평생을 함께 헤엄쳐 다닌다고 여겼지.

문치가자미는 서해, 남해, 동해 어디에도 살지만 남해에서 가장 흔히 볼 수 있
어. 다른 가자미 무리처럼 얕은 바다 밑바닥에서 살아. 모래 속에 몸을 파묻고 있
다가 갯지렁이나 게나 새우 따위를 잡아먹어. 다른 가자미처럼 사는 곳에 따라
몸빛을 바꿀 수 있어. 12~2월에 짝짓기를 해서 알을 낳아. 알은 동그랗고 속이
훤히 비치는데 바닥에 가라앉아 붙어 있어. 3주쯤 지나면 새끼가 나와.

문치가자미는 겨울부터 봄에 많이 잡아. 회를 뜨거나 구워 먹거나 말려서 먹
어. 남해 바닷가 사람들은 봄에 쑥을 함께 넣고 국을 끓여 먹어.

사는 곳 서해, 남해, 동해, 제주
분포 우리나라, 일본, 동중국해
먹이 갯지렁이, 게, 새우 따위
몸길이 30~50cm
특징 눈이 오른쪽으로 쏠려 있다.

돌가자미 *Kareius bicoloratus*
우리나라 어느 바다에나 살아. 서해에서
는 그냥 '도다리'라고 해. 눈 있는 쪽 등에
뼈처럼 딱딱한 돌기가 나 있어. 물 깊이가
30~100m 되는 모래나 펄 바닥에 살아.

민어

민애, 보굴치, 암치, 어스래기

몸길이는 80~100cm쯤 돼. 몸빛은 검은 잿빛
이거나 검은 밤색이야. 몸은 조금 납작한 원통형
이고 옆으로 넓적해. 주둥이는 무디고 위턱이 아
래턱보다 조금 길어. 입만 빼고 온몸이 비늘로 덮
여 있어. 옆줄은 뚜렷해. 등지느러미는 길고 꼬
리지느러미는 둥근 쐐기꼴이야.

온 백성이 즐겨 찾는 물고기라고 이름이 '민어(民魚)'야. 조기를 닮았지만 크기가 훨씬 커. 조기가 그러는 것처럼 민어도 물속에서 '부욱, 부욱' 하고 개구리 울음소리를 내. 부레를 옴쭉옴쭉 움직여서 내는 소리래. 우리나라 서해에 사는 무리는 가을이 되면 남쪽으로 내려가 제주도 서쪽 바다에서 겨울을 나고 봄이 되면 다시 북쪽으로 올라와. 제주도 남쪽에서 겨울을 나는 또 다른 무리는 봄이 되면 중국 바닷가로 올라가지. 물 깊이가 40~120m쯤 되고 바닥에 펄이 깔린 대륙붕에서 살아. 낮에는 물속 바닥에 있다가 밤이 되면 물낮 가까이 올라오기도 해. 밤낮을 오르락내리락하면서 작은 새우나 게, 오징어, 멸치 같은 작은 물고기 따위를 잡아먹어. 여름부터 가을까지 알을 낳는데 남해에서는 7~8월, 서해에서는 9~10월에 낳는대. 갓 깨어난 새끼는 민물과 짠물이 만나는 강어귀에 올라오기도 하지. 3년이면 50cm쯤 크고 알을 낳을 수 있어. 물고기 가운데 오래 살아서 13년쯤 산대. 옛날에는 경기도 덕적도와 목포 앞바다에서 많이 잡았는데 지금은 수가 많이 줄었대.

'민어는 비늘 밖에는 버릴 것이 없다'라는 말이 있어. 여름에 잡은 민어가 가장 맛이 좋대. 옛날부터 제사상에 오르고, 여름 더위를 이기려고 탕을 끓여 먹어. '복더위에 민어탕이 일품'이라는 말이 있어. 회로도 먹고 구워도 먹고 찜을 찌거나 전을 부치거나 만두를 빚어 먹기도 해. 또 민어 부레는 끓여서 아주 질 좋은 풀을 만들어. 옛날에는 장롱이나 문갑을 민어 부레로 만든 풀로 붙였다고 해. 수백 년이 지나도 안 떨어진대.

사는 곳 서해, 남해, 제주
분포 우리나라, 동중국해
먹이 새우, 게, 오징어, 멸치 따위
몸길이 80~100cm
특징 '부욱, 부욱' 하고 운다.

방어 <small>무태방어</small>

다 크면 1.5m쯤 돼. 등은 풀빛이 도는 파란색이
고 배는 하얘. 머리부터 꼬리자루까지 몸 옆으로
노란 띠가 하나 있어. 몸은 부시리보다 뚱뚱하고
꼬리자루가 잘록해. 등지느러미는 두 개로 나뉘
어 졌고 앞쪽 등지느러미가 작아. 모든 지느러미
는 노래. 가슴지느러미와 배지느러미 길이가 같
아. 꼬리지느러미는 노랗고 깊게 갈라졌어.

방어는 따뜻한 물을 좋아해. 너른 난바다에서 살다가 따뜻한 물을 따라서 우리나라로 와. 여름에는 남해를 거쳐 동해 울릉도, 독도까지 올라가. 시속 30~40km 속도를 거뜬히 내면서 날쌔고 빠르게 헤엄을 치지. 물 깊이 6~20m쯤 에서 많이 살고 100m보다 더 깊게도 들어가. 어린 방어는 물낯 가까이에 많고 클수록 깊은 곳에서 살지. 밤에 돌아다니면서 정어리나 고등어, 오징어 따위를 잡아먹어. 깜깜한 밤에 불빛을 보면 잘 모여드는데 작은 소리만 나도 금세 바다 밑으로 도망가지.

방어는 따뜻한 남쪽 난바다에서 봄에 알을 낳아. 알에서 깨어난 새끼는 바다 에 둥둥 떠다니는 모자반 같은 바닷말 밑에서 떼 지어 숨어 지내. 몸이 한 뼘쯤 크면 모자반을 떠나 마음껏 헤엄쳐 다니지. 한 해가 지나면 30cm쯤 크고, 3년이 면 60cm, 5년이면 80cm쯤 커. 여름에는 바닷가에서 머물다가 겨울이 되면 따 뜻한 남쪽 바다로 내려가. 팔 년쯤 살아.

사람들은 겨울에 방어를 잡아. 이때가 살이 통통하게 올라 맛이 좋거든. 낚시 나 그물로 잡아. 회로도 먹고 소금을 뿌려 구워 먹거나 매운탕을 끓여 먹어. 모자 반에 숨어 사는 새끼를 모자반째 통째로 그물로 잡아서 사람들이 기르기도 했어.

사는 곳 남해, 동해, 서해, 제주
분포 우리나라, 일본, 대만, 대서양, 태평양
먹이 전갱이, 정어리, 고등어, 오징어 따위
몸길이 1.5m쯤
특징 몸통 가운데에 노란 띠가 있다.

새끼 방어
바닷말 밑에 모여 사는 새끼 방어는 어른 방어 와 몸빛이 영 달라. 몸이 황금색이고 세로로 까만 띠가 줄줄이 나 있어. 어른이랑 새끼 생 김새가 딴판이지.

백상아리 <small>흰뺨상어(북), 백상어</small>

다 크면 길이가 7m쯤 되고 무게는 3톤이 넘어.
몸빛은 푸르스름한 잿빛이고 배는 하얘. 코끝이
뾰족하고 입은 밑에 있어. 아가미는 세로로 5~7
개가 쭉 찢어졌어. 몸은 원통형이고 꼬리 쪽으로
가면서 가늘어져. 등지느러미는 세모꼴로 우뚝
솟았고 꼬리는 눈썹달 모양이야. 배지느러미가
날개처럼 옆으로 나 있어.

백상아리는 우리가 흔히 '상어' 하면 떠오르는 물고기야. 물낯 가까이 사는데 1,300m 깊은 바닷속까지 들어가기도 해. 물낯 가까이에서 헤엄치면 뾰족한 등지느러미가 물 밖으로 우뚝 솟지. 백상아리는 물고기지만 부레가 없어서 가만히 있으면 물속으로 가라앉아. 그래서 가만히 못 있고 끊임없이 돌아다니지. 이리저리 돌아다니면서 먹이를 찾아. 냄새도 잘 맡아서 수 킬로미터 떨어진 곳에서 나는 피 냄새도 맡을 수 있어.

백상아리는 상어 가운데 가장 사나워. 피 냄새를 맡으면 더 사나워져. 먹잇감이 눈치 못 채게 몰래 다가가서는 눈 깜짝할 사이에 덤벼. 큰 입을 쩍 벌려서 먹이를 잡지. 입이 아래에 있다 보니 뾰족한 주둥이가 먹이에 받쳐 코에 흉터 자국이 많아. 이빨이 날카롭고 턱 힘도 세서 먹잇감을 한번에 댕강 자를 수 있어. 작은 물고기부터 돌고래나 바다표범이나 바다사자 같은 덩치 큰 동물도 잡아먹어. 백상아리는 다른 물고기와 달리 사람처럼 체온이 늘 일정한 온혈 동물이야. 그래서 먹이를 잡아먹어도 빠르게 소화시킬 수 있어. 사람을 바다표범이나 바다사자인 줄 알고 덤벼들기도 해. 우리나라 서해, 남해, 동해 어느 바다에서나 볼 수 있는데, 봄에 서해에 더 자주 나타나. 15년 넘게 살아. 암컷은 13~14살, 수컷은 7~8살에 어른이 돼.

사는 곳 서해, 남해, 동해, 제주
분포 온 세계 열대, 온대 바다
먹이 물고기, 바다표범, 바다사자 따위
몸길이 7m
특징 사람한테도 덤빈다.

새끼 낳기
백상아리는 알을 안 낳고 새끼를 낳아. 엄마 배 속에서 알까지 한 새끼가 나오는 난태생이야. 한 번에 세 마리에서 열 마리 넘게 낳기도 해.

밴댕이 밴댕어(북), 반댕이, 뒤포리, 뒤파리, 뛰포리

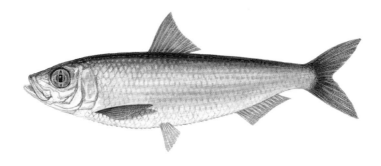

몸길이는 15cm쯤 돼. 등은 푸르스름하고 배는
은빛으로 반짝반짝 빛나. 아래턱이 위턱보다 길
어. 배 아래쪽에는 날카로운 비늘이 톱니처럼 나
있어. 몸은 옆으로 아주 납작하고 옆줄이 없어.
비늘은 크고 둥근데 잘 떨어져. 꼬리지느러미는
가위처럼 갈라졌어.

밴댕이는 따뜻한 물을 좋아해. 봄부터 가을까지는 물이 얕은 만이나 강어귀에 머물러. 떼로 몰려다니면서 플랑크톤이나 갯지렁이나 작은 새우 따위를 잡아먹지. 겨울이 되면 깊은 물속으로 들어가 겨울을 나.

밴댕이는 성질이 아주 급해. 물 밖으로 나오자마자 몸을 파르르 떨다가 바로 죽어. 그래서 속 좁고 성질 급한 사람을 '밴댕이 소갈딱지'라고 놀려 대지. 밴댕이는 멸치와 함께 많이 잡혀. 멸치와 닮았는데 몸이 옆으로 더 납작하고 짤막해. 멸치와 생김새나 쓰임새가 닮아서 정약전이 쓴 《자산어보》에는 '짤막한 멸치'라는 뜻으로 '단추(短鰍)'라고 적혀 있어. 남쪽 지방에서는 뒤가 파랗다고 '뒤포리', '띠포리'라고 해. 서해 바닷가에서 흔히 회나 구이로 먹는 밴댕이는 사실 '반지'라는 다른 물고기야. 밴댕이는 쉽게 썩기 때문에 멸치처럼 바짝 말려서 국물을 우려내는 데 써. 젓갈을 담그기도 하지.

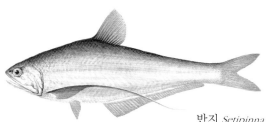

반지 *Setipinna tenuifilis*
밴댕이랑 닮았어. 강화도나 인천에서 밴댕이회로 먹는 물고기는 사실 반지야. 밴댕이는 입이 작고 아래턱이 위턱보다 길지만, 반지는 위턱이 아래턱보다 더 길고 입이 더 커.

사는 곳 남해, 서해
분포 우리나라, 일본, 동중국해
먹이 플랑크톤, 갯지렁이, 작은 새우 따위
몸길이 15cm 안팎
특징 성질이 급하다.

뱅어 실치, 백어

수컷

암컷

몸길이는 10cm 안팎이야. 몸은 투명하고 눈은 까매. 머리는 위아래로 납작하고 몸통은 뒤로 가면서 옆으로 납작해. 배에 검은 점이 두 줄로 나란히 나 있어. 몸에 비늘이 없어. 암컷과 수컷 생김새가 조금 달라. 수컷이 암컷보다 작고 수컷은 뒷지느러미 옆으로 비늘이 14~23개쯤 한 줄로 붙어 있어. 암컷은 몸에 비늘이 없고 가슴지느러미와 배지느러미가 수컷보다 작아.

뱅어는 몸속이 훤히 들여다보여. 생김새가 하얀 국수 면발처럼 가늘고, 죽으면 몸 색깔이 새하얗게 바뀐다고 '백어(白魚)'라는 한자 이름도 있어. 크기는 어른 손가락만 해. 몸이 가늘고 길어서 '실치'라고도 하지. 생김새 때문에 재미난 이야기도 전해 내려와. 중국 오나라 왕이 배를 타고 양쯔강을 건너는데, 먹다 남은 물고기 회를 강물에 집어 던졌더니 회 조각이 꿈틀꿈틀 살아나서는 뱅어가 되었다고 해. 그래서 '회를 먹고 남긴 고기'라는 뜻으로 '회잔어(鱠殘魚)', '왕이 남긴 고기'라는 뜻으로 '왕여어(王餘魚)'라는 한자 이름도 있지.

뱅어는 바다와 강을 오르내리면서 사는 바닷물고기야. 민물과 짠물이 뒤섞이는 강어귀에서 살다가, 삼사월이 되면 알을 낳으러 무리를 지어 강을 거슬러 올라와. 암컷과 수컷이 따로 무리를 지어 올라온대. 물 깊이가 2~3m쯤 되는 곳에서 물풀에 알을 붙여 낳지. 알을 낳은 어미는 시름시름 힘이 빠져 죽어. 알에서 깨어난 새끼는 알 낳은 곳 가까이에서 지내다가 여름이 되면 강어귀 바닷가로 내려가 뿔뿔이 흩어져 살아. 작은 새우나 동물성 플랑크톤을 먹고 어른이 되지. 이듬해 봄이면 다 커서 다시 강을 거슬러 올라와.

뱅어는 강을 거슬러 올 때 그물로 잡아. 옛날부터 맛이 담백해서 회로 먹거나 김처럼 네모나게 말려서 뱅어포를 만들어 먹어. 젓갈을 담그기도 하지. 회로 먹으면 알싸한 오이 향이 나. 그런데 우리가 반찬으로 흔히 먹는 뱅어포는 사실 뱅어로 만든 포가 아니라 베도라치 새끼로 만든 거래. 요즘에는 수가 줄어들어서 보기 힘들어.

뱅어는 떼를 지어 강을 거슬러 올라와. 몸이 투명해서 속이 훤히 비쳐.

사는 곳 서해, 남해
분포 우리나라, 일본, 오호츠크해
먹이 플랑크톤, 작은 새우
몸길이 10cm 안팎
특징 몸속이 훤히 비친다.

119

베도라치

삐도라치, 괴도라치, 뽀드락지, 빼드라치

몸길이는 20cm 안팎이야. 몸은 길고 옆으로 납작해. 몸빛은 누렇고 진한 밤색 무늬가 있어. 몸에 비늘이 없고 옆줄도 없어. 등지느러미와 뒷지느러미가 길어서 꼬리지느러미와 잇닿아 있어. 등지느러미에는 짧고 억센 가시가 있고, 등지느러미 밑 쪽에 삼각형 모양인 까만 무늬가 줄지어 있어. 꼬리지느러미 끝은 둥글고 끄트머리가 하얘. 배지느러미는 아주 작아.

　　베도라치는 깊은 바다보다 물 깊이가 20m보다 얕은 바다 펄 바닥이나 바위 구멍, 바위 그늘에서 살아. 바닷가 물웅덩이 돌 틈에서도 숨어 지내. 몸이 뱀처럼 길쭉해. 몸에 비늘이 없고 몸에서 찐득찐득한 물이 나와서 미끌미끌하거든. 그 덕에 삐쭉빼쭉 튀어나온 돌 모서리에 생채기 하나 안 나고 잘 살지. 낮에는 숨어 있다가 밤이 되면 나와서 먹이를 잡아먹어. 작은 물고기나 새우나 게 따위를 보면 닥치는 대로 잡아먹지. 바다 위에 불을 켜두면 몸을 구불거리며 물낯 가까이까지 먹이를 쫓아 올라오기도 해.

　　베도라치는 겨울에 알을 낳아. 알은 끈적끈적해서 서로 척척 달라붙어 알 덩어리가 되지. 알을 낳으면 수컷이 알 덩어리를 몸으로 감싸. 알에서 새끼가 깨어날 때까지 곁을 안 떠나고 지켜. 알에서 깨어난 새끼는 어미와 생김새가 딴판이야. 몸이 작고 온몸이 투명해서 속이 훤히 들여다보여.

사는 곳 서해, 남해, 동해
분포 우리나라, 일본, 인도양, 태평양, 대서양
먹이 플랑크톤, 작은 새우나 게
몸길이 20cm 안팎
특징 수컷이 알을 지킨다.

알을 품는 베도라치
베도라치 수컷은 알 덩어리를 몸으로 감싸.
알이 깨어날 때까지 곁에서 지키지.

벵에돔 <small>흑돔, 수만이, 구릿</small>

다 크면 몸길이가 50cm쯤 돼. 몸은 긴 타원형이
고 옆으로 납작해. 어릴 때는 몸빛이 까만 푸른빛
이다가 크면 까무스름해져. 비늘에는 까만 점이
있어. 주둥이는 짧고 입에는 자잘한 이빨이 촘촘
하게 나 있어. 꼬리 끝은 어릴 때에 잘린 듯이 반
듯하다가 크면 눈썹달 모양이 돼.

　뼁에돔은 따뜻한 바다를 좋아해. 돌돔처럼 물살이 세고 파도가 치는 바닷가 갯바위 가까이에서 살아. 밤에는 바위틈에 숨어 있다가 낮이 되면 나와서 먹이를 잡아먹고 해거름에 다시 집으로 돌아와. 여름에는 갯지렁이나 작은 새우나 게 따위를 잡아먹고, 겨울에는 바닷말이나 바위에 붙은 김이나 파래 따위도 갉아 먹어. 겁이 많아서 사람 그림자만 봐도 숨어 버린대. 한 마리가 숨으면 모여 있던 떼가 모두 후닥닥 숨는다지. 2~6월이 되면 짝짓기를 하고 알을 낳아. 알에서 깨어난 새끼는 바다에 떠다니는 바닷말 더미 밑에 숨어 살아. 한 해가 될 때까지는 바닷가에 떼를 지어 살아. 10cm쯤 되는 작은 새끼들이 바닷가 물웅덩이에서 수십 마리씩 떼 지어 살기도 해. 한 해가 지나면 11cm, 3년이면 20cm, 7년이면 30cm쯤 커. 암컷이 수컷보다 조금 작아.

　뼁에돔은 겨울에 낚시로 많이 잡아. 여름에 잡은 뼁에돔 살에는 독특한 냄새가 나. 겨울에는 그런 살 냄새가 싹 사라져서 맛이 좋대. 회를 뜨거나 구워 먹거나 매운탕을 끓여 먹어.

사는 곳 남해, 울릉도, 독도, 제주
분포 우리나라, 일본, 대만, 동중국해
먹이 갯지렁이, 게, 새우, 바닷말 따위
몸길이 50cm 안팎
특징 잡식성 물고기다.

병어 <small>뱅어, 병단이</small>

몸길이는 20~30cm쯤 돼. 60cm까지 커. 온몸
은 미끈하고 푸르스름한 은빛이 돌아서 반짝반짝
해. 몸은 네모나고 옆으로 납작해. 머리는 작고
주둥이는 짧고 입술이 없어. 비늘은 작은 둥근 비
늘이고 잘 떨어져. 옆줄이 뚜렷해. 등지느러미와
뒷지느러미는 낫처럼 생겼어. 배지느러미는 없
어. 꼬리지느러미는 깊게 파였어.

병어는 따뜻한 바다에서 살아. 겨울이면 제주도 남쪽 바다로 내려갔다가 봄이 오면 우리나라 서해와 남해로 몰려와. 바닷속 50~150m 깊이쯤에서 무리 지어 살아. 작은 새우, 플랑크톤, 갯지렁이, 해파리 따위를 잡아먹지. 늦봄부터 여름까지 얕은 바닷가나 강어귀로 몰려와서 알을 낳아. 알에서 깨어난 새끼는 3cm쯤 크면 먼바다로 나가.

병어는 흔하게 잡히는 물고기야. 낚시로 안 잡고 그물로 잡아. 어시장에 가면 흔히 볼 수 있지. 회로도 먹고 굽거나 찌거나 조려 먹어. 정약전이 쓴《자산어보》에 "맛이 달고 뼈가 부드러워서 회나 구이나 국에 모두 좋다."라고 쓰여 있어. 맛이 좋아서 1530년에 펴낸《신증동국여지승람》과 1820년에 서유구가 쓴《난호어목지》에 우리나라 사람들이 병어를 잡았다는 기록이 있지.

병어와 꼭 닮은 '덕대'라는 물고기가 있어. 시장에서는 병어랑 덕대를 다 '병어'라고 하면서 팔아. 생김새나 맛이 똑같대. 머리 뒤에 난 물결무늬가 옆줄 밑에서도 뒤쪽까지 뻗어 있으면 '병어'고 그렇지 않으면 '덕대'래.

덕대 *Pampus echinogaster*
병어와 똑 닮았어. 시장에 나오는 병어는 대부분 덕대. 병어보다 크기가 작아. 머리 뒤에 난 물결무늬를 보고 구분한다지만 아무리 봐도 헷갈려.

사는 곳 서해, 남해, 제주
분포 우리나라, 일본, 인도양, 중국해
먹이 작은 새우, 플랑크톤, 갯지렁이,
　　　해파리 따위
몸길이 20~30cm
특징 몸이 네모꼴로 생겼다.

보구치 보굴치, 흰조기, 백조기

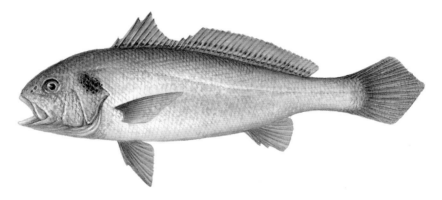

몸길이는 30~40cm쯤인데 70cm까지 크기도
해. 온몸은 은빛으로 반짝반짝 빛나. 등은 조금
옅은 잿빛이고 배는 하얘. 아가미뚜껑 위에 커다
란 까만 점이 있어. 다른 조기 무리보다 등이 높
아. 주둥이는 둥그스름해. 지느러미는 모두 하얗
고 투명해.

'보굴, 보굴' 운다고 이름이 '보구치'야. 몸이 하얗다고 '흰조기', '백조기'라고도 해. 다른 조기 무리는 배가 노랗거든. 참조기나 민어나 수조기와 생김새도 닮고 사는 곳도 비슷해.

보구치는 참조기처럼 5~8월에 서해로 몰려와서 알을 낳아. 알을 낳을 때 '보굴, 보굴' 울어. 암컷과 수컷이 서로 부르거나 떼를 지어 움직일 때 주고받는 소리래. 물 깊이가 5~10m쯤 되는 바닷가나 만에 들어와서 알을 낳지. 알에서 깨어난 새끼는 플랑크톤을 먹으며 커. 한 해가 지나면 16cm, 3년이면 27cm, 4년이면 30cm쯤 커. 두 해가 지나면 어른이 돼. 어른이 되면 새우나 게나 갯가재, 오징어, 작은 물고기 따위를 잡아먹어. 몸을 비스듬히 눕혀 먹이를 하나하나 쪼아 먹는대. 어른이 되면 물 깊이가 100m 안쪽이고 바닥에 모래나 펄이 깔린 대륙붕에서 떼 지어 살아. 겨울에는 제주도 서남쪽 바다로 내려가 겨울을 나. 10년쯤 살아.

보구치는 조기 무리 가운데 가장 많이 잡혀. 알을 낳으러 오는 봄여름에 그물이나 낚시로 잡아. 잡아서 굽거나 매운탕을 끓여 먹어. 옛날에는 민어처럼 부레로 끈적끈적한 풀을 쑤기도 했대. 지금은 하도 많이 잡아서 수가 많이 줄었어.

사는 곳 서해, 남해, 제주
분포 우리나라, 동중국해, 인도, 태평양
먹이 새우, 게, 갯가재, 오징어,
　　　작은 물고기 따위
몸길이 30~40cm
특징 '보굴, 보굴' 운다.

복섬 <small>쫄복, 졸복</small>

몸길이는 10~15cm쯤 돼. 등은 푸르스름한 풀
빛이나 밤색이고 배는 하얘. 몸에는 하얀 점들이
흐드러졌어. 살갗에는 작은 가시가 돋아 있어서
까칠까칠해. 가슴지느러미 뒤에 까만 점이 있어.
등지느러미와 뒷지느러미는 몸 뒤쪽에서 마주 보
고 나 있어. 배지느러미는 없어.

복섬은 복어 무리 가운데 몸집이 가장 작아. 어른 손 한 뼘쯤 돼. 그래서 사람들은 복어 새끼인 줄 알아. 정약전이 쓴《자산어보》에는 크기가 작은 복어라고 '소돈(小魨)'이라고 했어.

복섬은 바닷가에서 무리 지어 살아. 여름철에 모래나 자갈이 깔린 바닷가에서 쉽게 볼 수 있어. 바위가 많고 바닷말이 무성하게 자란 곳을 좋아해. 강어귀로 올라오기도 하지. 낮에는 이리저리 잘 돌아다니다가 밤에는 바닥에 앉거나 아예 모래 속에 들어가 잠을 자. 다른 복어처럼 이빨이 아주 튼튼해서 게나 조개 따위도 부숴 먹을 수 있어. 5~7월이 되면 자갈이 깔린 얕은 바닷가로 올라와 짝짓기를 해. 때로 몰려와서 자갈밭에서 알을 붙여 낳아. 아예 물 밖에 나와서 알을 낳기도 해. 돌에 붙은 알은 대부분 물살에 휩쓸려 떠내려가지만 운 좋게 남은 알에서 일주일쯤 지나면 새끼가 깨어 나와.

복섬은 다른 복어 무리처럼 몸에 강한 독이 있어서 함부로 먹으면 안 돼. 알과 간에는 아주 센 독이 있고 껍질에도 센 독이 있어. 근육과 정소에도 약한 독이 있지. 꼭 전문 요리사가 해 주는 요리를 먹어야 해. 경상남도 삼천포 지방에서는 복국을 끓여 먹어.

복섬 알 낳기
복섬은 여름에 작은 몽돌이 쫙 깔린 바닷가로 떼 지어 몰려와 알을 낳아. 알은 대부분 파도에 쓸려 가지만, 운 좋게 돌에 들러붙은 알에서 새끼가 깨어나.

사는 곳 동해, 남해, 제주
분포 우리나라, 일본, 동중국해
먹이 게, 갯지렁이, 조개 따위
몸길이 10~15cm
특징 몸집이 가장 작은 복어다.

볼락

뽈락, 뽈낙이, 뽈라구, 돌뽈락, 왕사미

몸길이는 20~25cm쯤 돼. 30cm 넘게 크기도
해. 몸빛은 사는 곳에 따라 달라져. 몸통에 짙은
밤색 구름무늬가 있어. 눈이 댕그랗게 커. 아가
미뚜껑에 가시가 있어. 등지느러미 가시가 크고
뾰족해.

볼락은 깊이와 사는 곳에 따라 몸 빛깔이 많이 달라. 얕은 곳에 사는 놈은 잿빛 밤색이지만, 깊은 곳에 사는 놈은 붉은빛을 많이 띠어. 바위가 많은 곳이나 그늘에 숨어 사는 볼락은 몸빛이 까매서 '돌볼락'이라고 해. 색깔만 다를 뿐 모두 같은 물고기지. 낮에는 바위틈에 숨어 있다가 밤이 되면 나와서 먹이를 찾아. 새우나 갯지렁이나 작은 물고기 따위를 한입에 덥석덥석 삼키지. 겁이 많아서 조금만 놀라도 후닥닥 흩어졌다가 조용해지면 다시 슬금슬금 떼로 모여. 날씨가 사납거나 바람만 세게 불어도 바위틈에 숨어서 안 나온대.

볼락은 알을 안 낳고 새끼를 낳아. 11~12월 초겨울에 암컷과 수컷이 비스듬히 배를 맞대고 짝짓기를 해. 짝짓기를 하고 한 달쯤 지나서 새끼를 낳아. 새끼는 몸이 투명해서 속이 훤히 비쳐. 까만 눈만 반짝반짝 빛나. 갓 깨어난 새끼는 물에 떠다니는 바닷말 더미 밑에 수십 마리씩 떼를 지어 숨어 지내. 몸이 6cm쯤 크면 물 밑으로 내려가 바위 밭에서 살지. 한 해가 지나면 8~9cm, 3년이면 16cm, 5년이면 19cm쯤 커.

볼락은 갯바위에서 낚시로 많이 잡아. 겁은 많아도 한 놈이 미끼를 덥석 물면 다른 놈도 따라서 덥석덥석 문대. 그러면 낚시질 한 번에 네댓 마리를 주렁주렁 낚는 거지. 회로도 먹고 구워도 먹고 탕도 끓여 먹어. 볼락 무리 가운데 맛이 으뜸이래.

사는 곳 남해, 동해, 제주
분포 우리나라, 일본
먹이 새우, 게, 갯지렁이, 오징어,
　　　　물고기 따위
몸길이 25cm 안팎
특징 겨울에 새끼를 낳는다.

새끼 낳는 볼락
볼락은 새끼를 낳아. 어미 배 속에서 알까기를 하고 새끼가 되어 나오지. 속이 훤히 비치는 작은 새끼들이 떼로 몰려나와.

부세 부서

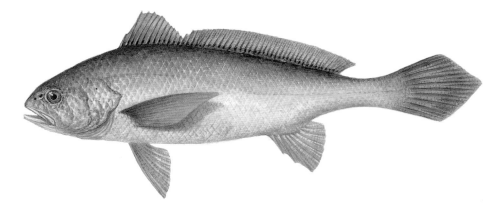

몸길이는 75cm쯤 돼. 몸은 긴 타원형이고 뒤쪽
으로 갈수록 가늘어. 등은 잿빛 노란색이고 배는
황금빛이야. 주둥이 앞쪽이 둥글고 아래턱이 위
턱보다 조금 길어. 등지느러미와 뒷지느러미는
비늘로 덮여 있어.

부세는 참조기와 꼭 닮았는데 몸길이가 더 커. 참조기처럼 배는 황금색을 띠고 입술은 빨갛지. 참조기와 달리 머리 꼭대기에 다이아몬드꼴 무늬가 없어.

부세도 참조기처럼 겨울에는 제주 남쪽 바닷속 100m쯤 되는 대륙붕에서 떼지어 겨울을 나. 봄이 되면 서해로 올라오기 시작해서 7월쯤 되면 서해 바닷가로 올라와 알을 낳지. 부세도 민어와 참조기처럼 부레로 소리를 내. 소리가 커서 400~500m 떨어진 배 위에서도 들을 수 있대. 알에서 깨어난 새끼는 한 해가 지나면 17cm, 4년이면 41cm, 6년이면 46cm쯤 크고 75cm나 크기도 해. 다 큰 어른은 물 바닥 가까이 헤엄쳐 다니며 새우나 게나 작은 물고기 따위를 잡아먹지.

부세는 4~8월에 그물로 잡아. 참조기랑 생김새가 똑 닮아서 사람들이 값비싼 참조기로 속여 팔고는 했어. 구워 먹거나 매운탕을 끓여 먹어. 중국에서는 그물에 가둬 키워.

수조기 *Nibea albiflora*
등은 누르스름하고 까만 점으로 줄무늬가 나 있어. 배는 하얗지. 민어나 조기처럼 부레로 소리를 내.

사는 곳 서해, 남해, 제주
분포 우리나라, 동중국해
먹이 새우, 게, 작은 물고기 따위
몸길이 75cm
특징 참조기와 똑 닮았다.

붕장어 붕어지, 바다장어

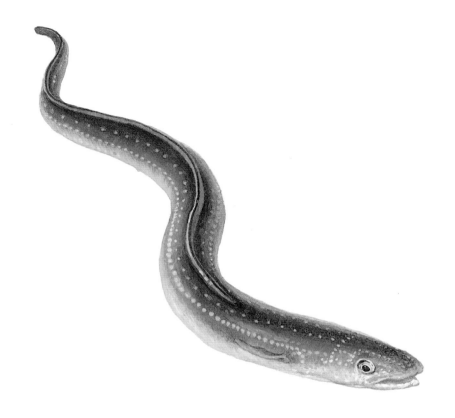

암컷은 90~100cm, 수컷은 40cm쯤 커. 몸통은 동그랗고 몸은 길어. 등은 누르스름한 밤빛이고 배는 하얘. 등지느러미는 가슴지느러미 바로 뒤쪽에서 시작해. 등지느러미, 뒷지느러미, 꼬리지느러미 가장자리가 아주 까맣지. 옆줄 구멍이 뚜렷하고 옆줄 따라 흰 점이 쪼르르 나 있어. 그 위로 흰 점이 듬성듬성 한 줄 더 있어. 눈이 크고 주둥이는 갯장어보다 뭉툭해.

붕장어는 갯장어와 많이 닮았어. 하지만 잘 보면 생김새가 서로 달라. 갯장어는 옆줄에 흰 점이 없지만 붕장어는 옆줄 따라 흰 점이 쪼르르 나 있어. 몸길이는 갯장어보다 짧아.

붕장어는 바닷말이 너울너울 우거지고 바닥에 모래와 펄이 깔린 곳에서 살아. 낮에는 모래 속에 몸을 숨기고 있다가 밤에 나와 먹이를 잡아먹지. 모랫바닥에 몸을 반쯤 파묻고 머리를 쳐들고 있다가 지나가는 망둑어, 양태, 까나리, 멸치, 서대 같은 물고기나 갯지렁이나 새우나 게 따위를 닥치는 대로 잡아먹어. 바닷가 가까이 사는 붕장어는 몸이 거무스름한 밤색인데, 깊은 곳에 사는 붕장어는 잿빛 밤색이야. 알 낳을 때가 되면 수컷 등은 더욱 밤빛이 돌고 배는 누렇게 바뀌어. 뱀장어처럼 봄부터 여름까지 깊은 바닷속으로 들어가서 알을 낳는다는데 아직 어디에서 어떻게 낳는지 잘 몰라. 어릴 때는 어른 생김새와 전혀 다른 납작한 버들잎 모양으로 투명하고 플랑크톤처럼 그냥 물에 둥둥 떠다니며 살아. 이런 새끼를 대나무 잎사귀처럼 생겼다고 '댓잎뱀장어'라고 하지. 열 달쯤 이런 모습으로 살다가 모습을 바꾸어 어린 새끼가 되고 바닥으로 내려가 살아. 겨울이 되면 100m쯤 되는 깊은 바다로 들어가. 4년쯤 지나면 어른이 되고 10년쯤 살아.

사람들은 붕장어를 그물이나 통발이나 낚시로 잡아서 회나 구이나 탕을 끓여 먹어. 붕장어는 고소하고 꼬들꼬들 씹히는 맛이 좋아서 '아나고'라는 이름으로 잘 알려졌어. '아나고(穴子)'는 일본에서 붕장어를 부르는 이름이야. '바닥을 뚫어 굴에 들어가 사는 물고기'라는 뜻이래.

사는 곳 서해, 남해, 동해, 제주
분포 우리나라, 일본, 동중국해
먹이 작은 물고기, 새우, 게, 갯지렁이 따위
몸길이 40~100cm
특징 옆줄 따라 흰 점이 나 있다.

빨판상어 흡반어(북), 망치고기

몸길이는 60~70cm쯤 돼. 1m 넘게 크기도
해. 등은 연한 잿빛이고 배는 더 어두워. 몸통 가
운데로 까만 띠가 꼬리까지 나 있어. 그 띠를 따
라 위아래 가장자리에 하얀 띠가 있어. 머리는 위
아래로 넓적하고 빨판이 있어. 등도 넓적해.

빨판상어는 혼자 헤엄쳐 다니기도 하지만 상어나 가오리나 거북이나 고래처럼 자기보다 덩치 큰 물고기나 동물에 자주 빌붙어 살아. 상어에 많이 붙어 다닌다고 '빨판상어'야. 이름만 상어지 상어가 아니야. 머리 위에 빨래판처럼 생긴 빨판이 있어서 덩치 큰 물고기 배에 딱 붙어 다니지. 큰 물고기가 먹다 흘리는 찌꺼기를 받아먹고 살아. 찌꺼기가 떨어지면 냉큼 달려가 받아먹고는 다시 돌아와 착 달라붙지. 그러니 늘 큰 물고기 입 쪽으로 머리를 두고 달라붙어. 달라붙는 힘이 아주 세서 사람이 일부러 떼 내려 해도 안 떨어져. 그럴 때는 뒤로 밀지 말고 앞으로 밀면 똑 떨어진대. 들러붙는 힘이 세서 큰 물고기 살갗을 파고들기도 해. 그런데 붙어 다니는 큰 물고기가 잡히면 눈치 빠르게 떼고 도망가 버려. 큰 물고기한테 붙어 더부살이하니까 다른 물고기에게 잡아먹힐 걱정은 없지.

빨판상어는 사람들이 먹으려고 일부러 잡지는 않아. 빨판은 심장병을 고치는 약으로 쓰여. 옛날 사람들은 빨판상어가 배에 붙으면 배가 더 빨라지거나 느려진다고 믿었대.

사는 곳 제주, 서해, 남해, 동해
분포 온 세계 열대 온대 바다
먹이 먹이 찌꺼기
몸길이 60~70cm
특징 큰 물고기 몸에 붙어 산다.

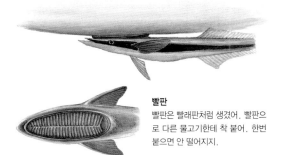

빨판
빨판은 빨래판처럼 생겼어. 빨판으로 다른 물고기한테 착 붙어. 한번 붙으면 안 떨어지지.

삼세기 쏭치(북), 탱수, 삼숙이, 삼식이

몸길이는 30~40cm 안팎이야. 몸빛은 어두운
밤색이고 얼룩덜룩해. 사는 곳마다 몸빛이 달라.
까만 밤색 네모 무늬가 군데군데 나 있어. 머리는
울퉁불퉁하고 작은 돌기들이 잔뜩 나 있어. 살갗
을 만져 보면 꺼칠꺼칠해. 옆줄은 뚜렷해. 등지
느러미 가시 끝이 뭉툭하지.

삼세기는 차가운 물을 좋아해. 울퉁불퉁한 바위가 많은 물 바닥에서 살아. 몸빛이나 생김새가 꼭 작은 돌 같거든. 바위 곁에 꼼짝 않고 있으면 돌인지 삼세기인지 아무도 모르지. 작은 물고기나 새우 따위가 멋도 모르고 가까이 다가오면 와락 잡아먹어. 자기보다 덩치가 큰 물고기가 와서 집적거려도 도망갈 생각을 안 해. 기껏 한다는 짓이 복어처럼 배를 크게 부풀린대. 겨울이 되면 얕은 바닷가로 올라와서 알을 낳아. 홍합이 다닥다닥 붙은 바위에 알 덩어리를 너덧 개 낳아 붙인대. 이때 그물로 잡거나 해녀들이 물질을 해서 잡아. 동작이 굼떠서 쉽게 잡혀. 예전에는 생김새가 험상궂어서 안 먹었대. 요즘에는 회를 뜨거나 매운탕을 끓이거나 조리거나 쪄서 먹어.

삼세기는 쑤기미라는 물고기랑 모습이 똑 닮았어. 하지만 삼세기랑 쑤기미는 전혀 다른 물고기야. 지느러미 가시가 삐죽빼죽 무섭게 나 있지만 삼세기는 쑤기미와 달리 지느러미에 독이 없어.

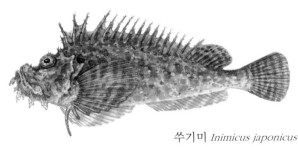

쑤기미 *Inimicus japonicus*
독가시로 쏜다고 이름이 '쑤기미'야. 범처럼 무섭다고 '범치'라고도 해. 등지느러미 가시 끝이 바늘처럼 뾰족하면 쑤기미고, 뭉툭하면 삼세기야.

사는 곳 남해, 동해, 서해, 제주
분포 우리나라, 일본, 베링해, 오호츠크해
먹이 작은 물고기, 새우 따위
몸길이 30~40cm
특징 머리에 작은 돌기가 잔뜩 나 있다.

삼치 마어, 망어, 고시, 사라

다 크면 1m가 넘어. 몸은 반짝반짝 빛나고 반들반들해. 등은 파르스름하고 배는 하얘. 몸통 옆으로 잿빛 점무늬가 일곱 줄쯤 줄지어 나 있어. 주둥이가 뾰족하고 이빨이 아주 날카로워. 몸통은 가늘고 길쭉해. 꼬리자루에 토막지느러미가 6~9개쯤 있어. 꼬리지느러미는 깊게 파였어.

삼치는 따뜻한 물을 좋아해. 머나먼 난바다에서 겨울을 나고, 봄이 되면 따뜻한 물을 따라 우리나라로 와. 구시월에는 먹이를 따라 다시 남쪽으로 내려가지. 삼치는 몸이 칼처럼 길쭉하고 어른 양팔을 한껏 벌린 만큼 커. 헤엄을 아주 빨리 쳐서 시속 수십 km가 넘을 때도 있지. 웬만한 자동차만큼 빠르게 헤엄쳐. 물낮 가까이를 빠르게 헤엄치면서 멸치나 까나리나 정어리 같은 작은 물고기를 잡아 먹어. 여름 들머리부터 바닷가로 몰려와 알을 낳아. 알 낳을 때가 되면 몸빛이 까맣게 바뀌어. 알에서 깨어난 새끼는 한 해가 지나면 벌써 몸길이가 50cm쯤 자라. 두 해가 지나면 다 큰 어른이 되지. 팔 년쯤 살아.

삼치는 봄에 많이 잡지만 늦가을에 잡은 삼치가 기름기가 껴서 더 맛이 좋아. 낚시나 그물로 잡지. 금방 잡았을 때는 회로도 먹어. 구워 먹거나 매운탕을 끓여 먹어.

줄삼치 *Sarda orientalis*
생김새가 가다랑어를 닮고 이빨이 날카로워서 '이빨다랑어'라고도 해. 등에 까만 줄무늬가 예닐곱 줄 나 있어.

사는 곳 남해, 서해, 제주
분포 우리나라, 일본, 중국, 동중국해
먹이 멸치, 까나리, 정어리 같은 작은 물고기
몸길이 1m
특징 몸에 잿빛 점무늬가 줄지어 나 있다.

성대

승대, 씬대, 잘대, 숭대, 꿋달갱이, 싱대, 천사고기

몸길이는 35~40cm쯤 돼. 몸빛이 붉고 살아 있을 때는 등에 빨간 점무늬가 있어. 머리는 크고 단단해. 눈은 머리 위쪽에 달렸어. 가슴지느러미가 아주 커. 등지느러미는 두 개가 따로 떨어져 있어. 꼬리지느러미 끝은 반듯해.

성대는 바닥에 사는 물고기야. 물 깊이가 100m 안쪽이고 바닥에 모래가 쫙 깔린 곳에 많이 살아. 발그스름한 몸빛과 달리 가슴지느러미는 풀빛이고 파란 점이 10~20개쯤 숭숭 나 있고 끄트머리가 파래. 커다란 가슴지느러미는 부채처럼 접었다 폈다 할 수 있어. 양쪽 가슴지느러미 앞쪽에 지느러미줄기 세 개가 길게 갈라졌어. 이게 꼭 사람 손가락 같거든. 세 손가락을 벌려 땅을 짚듯이 이 지느러미줄기로 바닥을 짚고 걸어 다녀. 눈은 머리 위에 달려서 위쪽과 앞쪽밖에 못 보지만, 이 지느러미줄기로 바닥을 파서 모랫바닥에 숨은 먹이를 귀신같이 찾아내지. 지느러미줄기로 맛도 볼 수 있어. 서둘러 헤엄칠 때는 커다란 가슴지느러미를 부채처럼 쫙 펴. 비행기가 날듯이 헤엄을 치지. 서해에 사는 성대는 겨울에 제주도 서쪽 바다에 내려가 겨울을 나. 이듬해 4월쯤에 다시 올라와 짝짓기를 하고 알을 낳지. 알에서 깨어난 새끼는 한 해가 지나면 13cm, 3년이면 25cm, 5년이면 30cm쯤 커.

성대는 가끔 그물에 걸려 올라와. 그물에 걸려 올라오면 '꾸욱, 꾸욱' 울어. 위를 옴쭉옴쭉 움직여서 내는 소리야. 여러 마리가 울면 시끄러워 잠을 못 잘 정도래. 물속에서 동무들을 부를 때도 운대. 겨울이나 봄에 잡은 성대는 소금을 뿌려 구워 먹어. 하지만 대가리는 아주 딱딱하고 살점이 하나도 없어.

사는 곳 남해, 서해, 제주
분포 우리나라, 중국, 동중국해, 필리핀,
　　　뉴질랜드
먹이 갯지렁이, 새우, 작은 물고기 따위
몸길이 35~40cm
특징 가슴지느러미 줄기 세 개가
　　　손가락처럼 갈라졌다.

바닥을 기는 성대
가슴지느러미 앞으로 손가락처럼 생긴 기다란 지느러미줄기가 양쪽에 세 개씩 있어. 지느러미줄기로 땅을 짚고 기어 다녀.

송어 시마연어, 산천어

몸길이는 70~80cm쯤 돼. 등은 검푸르고 옆줄 위에 까만 점들이 있어. 배는 하얘. 몸은 연어보다 굵고 둥글어. 머리는 작고 입은 커. 등지느러미 뒤에 작은 기름지느러미가 하나 있어.

송어는 강과 바다를 오르내리는 물고기야. 찬물을 좋아하지. 서유구가 쓴《난호어목지》에서는 "살 빛깔이 뚜렷하게 붉어 마치 소나무 마디 같기 때문에 송어(松魚)라는 이름이 붙었다."고 하고 동해에서 나는 물고기 가운데 으뜸이라고 적혀 있어. 이규경이 쓴《오주연문장전산고》에서는 "몸에서 소나무 내음이 난다고 송어라고 한다."고 적혀 있지. 사람들은 송어와 숭어를 잘 헷갈려 해.

송어는 연어처럼 바다에서 살다가 강을 거슬러 올라와서 알을 낳아. 여름철에 강물이 불 때 강을 거슬러 올라와서는 가을에 짝짓기를 하고 알을 낳지. 짝짓기 철이 되면 연어처럼 몸빛과 생김새가 바뀌어. 암컷과 수컷 몸빛이 초록색, 붉은색, 노란색을 띠며 울긋불긋해져. 수컷 주둥이는 길어지면서 갈고리처럼 휘어지지. 수컷이 온몸을 푸덕이며 자갈밭을 움푹 파면 암컷이 와서 알을 낳아. 2,000~3,000개 알을 두세 번 나누어 낳지. 수컷이 와서 수정을 시키고 다시 자갈로 알을 덮어. 알을 낳고 나면 어른 물고기는 모두 죽는대. 알에서 깨어난 새끼는 두 해쯤 강에서 살아. 그리고 바다로 내려가서 서너 해를 살다가 다시 강을 거슬러 올라오는 거야. 바다에서는 물낯 가까이에서 떼 지어 몰려다녀. 바다로 안 내려가고 강에서 내내 사는 송어는 '산천어'라고 해. 강으로 올라온 송어 암컷이 산천어 수컷과 만나 짝짓기도 해. 바닷가에서 잡은 송어는 회를 떠 먹거나 구워 먹지. 살이 빨개서 바닷가 사람들은 '빨간고기'라고도 해.

사는 곳 동해
분포 우리나라, 오호츠크해, 북서 태평양
먹이 새우, 게 따위
몸길이 70~80cm
특징 강을 거슬러 올라와 알을 낳는다.

산천어
송어가 바다로 안 내려가고 강에서 내내 살면 '산천어'라고 해. 물이 맑고 차가운 강 윗물에서 살아.

숭어

은숭어(북), 모치, 개숭어, 동어, 글거지, 애정이, 무근정어

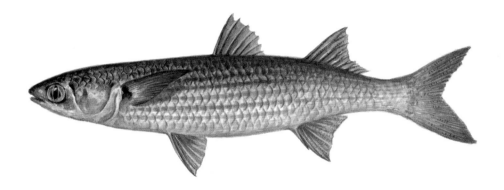

몸길이는 80cm쯤 돼. 몸은 둥글고 머리는 위아
래로 납작해. 등은 푸르스름하고 옆구리와 배는
하얘. 두꺼운 비늘이 가지런히 나 있어. 비늘에
는 까만 점이 몸통을 따라 죽 나 있어. 짝짓기 때
가 되면 눈에 기름눈꺼풀이 덮여.

숭어는 강과 바다를 오르락내리락하면서 사는 물고기야. 추운 겨울에는 깊은 바다로 내려갔다가 봄이 되면 떼를 지어서 강어귀로 몰려와. '숭어가 뛰면 망둑어가 뛴다'는 속담이 있어. 그만큼 숭어는 텀벙텀벙 물 위로 잘 뛰어오르는 물고기야. 빠르게 헤엄치면서 꼬리지느러미로 물낯을 세게 쳐서 쏜살같이 뛰어올라 몸을 옆으로 누이며 떨어지지. 아이 키만큼 뛰어올라. 먹이를 먹을 때는 강바닥 펄을 삼켜서 그 속에서 숨은 새우나 갯지렁이나 바닷말 따위를 먹어. 흙까지 함께 먹기 때문에 숭어 위는 닭 모래주머니처럼 생겼어. 봄에 알을 낳고 알에서 깨어난 새끼 숭어는 강을 거슬러 올라가기도 해. 그해 가을이면 몸이 20cm쯤 자라. 사오 년쯤 살지.

숭어(崇魚)라는 이름은 뛰어난 물고기라는 뜻이야. 생김새와 맛이 뛰어나다고 붙은 이름이지. 옛날부터 제사상에 오르고 임금님 밥상에도 올랐대. '겨울 숭어 앉았다 나간 자리 개흙만 훔쳐 먹어도 달다', '여름 숭어는 개도 안 먹는다'는 속담이 있듯이 겨울이나 봄에 잡은 숭어가 아주 맛이 좋대. 하지만 가숭어보다는 맛이 없어서 서해 바닷가 사람들은 '개숭어'라고도 해. 숭어는 눈과 귀가 밝아. 사람 그림자만 비쳐도 재빨리 내뺀다지. 그래서 밤에 숭어를 잡을 때는 불빛을 죽이고, 그물을 내릴 때도 말 한마디 안 한대. 그런데 봄이 되면 숭어 눈에 기름기가 잔뜩 껴서 흐리멍덩해. 장님이 된 숭어는 얕은 곳으로 떼를 지어 몰려들어. 이때는 그물을 던져서 쉽게 잡아. 대나무 작대기로 두들겨서도 잡지. 서해 바닷가에서는 밀물 때 그물을 세워 놓았다가 썰물에 빠져나가는 숭어를 잡는대.

사는 곳 서해, 남해, 동해
분포 온 세계 열대와 온대 바다
먹이 새우, 갯지렁이, 바닷말 따위
몸길이 80cm
특징 물 위로 잘 뛰어오른다.

숭어는 바닥에 깔린 펄을 헤집고 먹이를 잡아
먹어. 숭어 몸에서도 흙내가 나기도 해.

쏠배감펭

몸길이는 30cm까지 자라. 몸빛은 분홍빛이 돌
고 검은 밤색 줄무늬가 세로로 나 있어. 눈은 크
고 머리가 움푹 들어가. 등지느러미 가시와 가슴
지느러미 줄기가 아주 길어. 지느러미를 잇는 얇
은 막이 깊게 파여 있지. 등지느러미와 가슴지느
러미와 뒷지느러미에는 까만 밤색 점이 줄지어
나 있어. 꼬리지느러미 끄트머리는 둥글어.

　쏠배감펭은 가슴지느러미를 활짝 펴면 꼭 사자 갈기 같다고 '사자고기'라고도 해. 또 가슴지느러미가 새 날개처럼 생기고 무서운 독이 있다고 '하늘을 나는 전갈'이라는 뜻으로 학명을 지었대. 지느러미에 아주 센 독이 있어서 사람이 찔리면 정신을 잃을 정도지. 덩치 큰 물고기가 잡아먹으려고 하면 기다란 등지느러미를 곧추세우고 가슴지느러미를 새 날개처럼 활짝 펴. 큰 물고기도 뾰족뾰족 솟은 가시가 무서워서 덤비지를 못하지. 덤비는 물고기가 없으니 급할 게 뭐 있겠어. 물속을 느긋느긋 나붓나붓 헤엄쳐 다녀.

　쏠배감펭은 따뜻한 물을 좋아해. 따뜻한 물이 올라오는 남해 먼바다 섬이나 제주 바닷가에서 볼 수 있어. 낮에는 바위틈에서 쉬고 있다가 밤이 되면 나와 돌아다녀. 느긋하게 헤엄치다가도 먹이를 보면 재빨리 다가가. 커다란 가슴지느러미로 구석으로 몰아서 큰 입으로 재빨리 삼켜 버리지. 여름에 짝짓기를 하고 쫀득쫀득한 알 덩어리를 낳아. 지느러미를 쫙 펴고 헤엄치는 모습이 예뻐서 사람들이 수족관에 넣어서 길러.

쏠배감펭 독가시

활짝 편 가슴지느러미
덩치 큰 물고기가 다가오면 새 날개처럼 생긴 가슴지느러미를 활짝 펴. 그러면 다가오던 물고기가 깜짝 놀라지. 지느러미 가시에 독이 있어서 덩치 큰 물고기도 어쩌지 못해. 쏠배감펭 독가시는 송곳처럼 뾰족해. 잘못 찔렸다간 큰일 나.

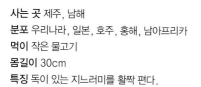

사는 곳 제주, 남해
분포 우리나라, 일본, 호주, 홍해, 남아프리카
먹이 작은 물고기
몸길이 30cm
특징 독이 있는 지느러미를 활짝 편다.

149

쏠종개 쐐기

다 크면 30cm쯤 돼. 온몸이 거무스름한 밤색이
고 배는 희거나 노르스름해. 몸통 양쪽에 노란 가
로 줄무늬가 두 줄씩 나 있어. 몸통은 메기를 닮
았어. 입가에 수염이 네 쌍 있어. 두 번째 등지느
러미와 뒷지느러미는 꼬리지느러미와 이어져.

쏠종개는 민물에 사는 메기를 똑 닮았다고 '바다메기'라고도 해. 메기처럼 입가에 수염이 나 있어. 따뜻한 바다 물속 바위 밑에서 무리를 지어 살지. 어린 새끼들은 수십 수백 마리가 한 몸처럼 둥글게 모여 있어. 헤엄칠 때도 안 흩어져. 엎치락뒤치락 자리만 바꿔 가며 헤엄치지. 어린 쏠종개는 몸집이 작고 헤엄을 빨리 못 쳐. 그러니까 무리를 지어서 서로 돌보는 거야. 낮에는 어두컴컴한 곳에 떼로 숨어 있다가 밤에 한 마리 한 마리씩 따로 나와서 작은 새우 따위를 잡아먹어. 입가에 난 수염을 더듬거리면서 먹이를 찾아. 등지느러미와 가슴지느러미 가시를 꼿꼿이 세우고 서로 비벼서 소리도 내. 다 크면 혼자 살아. 육칠월 여름 들머리에 물 밑바닥에 어른 손바닥만 한 구덩이를 파고 알을 낳아. 새끼가 깨어날 때까지 수컷이 곁을 지켜.

쏠종개는 등지느러미와 가슴지느러미에 독가시가 있어. 찔리면 살갗이 빨갛게 부어오르고, 온몸에서 열과 땀이 나. 한두 시간 지나면 낫는데 하루 동안 시큰시큰 아프기도 해. 사람들은 쏠종개가 무리 짓는 모습을 보려고 수족관에서 길러.

사는 곳 제주, 남해
분포 우리나라, 일본, 인도양, 필리핀, 홍해
먹이 작은 새우 따위
몸길이 30cm 안팎
특징 등지느러미와 가슴지느러미에 독가시가 있다.

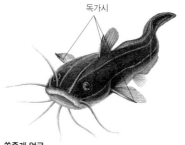

독가시

쏠종개 얼굴
쏠종개는 기다란 수염이 네 쌍 나 있어. 등지느러미와 가슴지느러미에는 독가시가 있지.

쏨뱅이

쫌뱅이, 삼뱅이, 꾹저구, 북제귀, 북저구

몸길이는 15~25cm쯤 돼. 30cm 넘게 크기도
하지. 몸빛은 거무스름한 밤색이거나 불그스름
해. 눈이 댕그랗게 커. 주둥이는 비쭉하게 길고
입술이 두툼해. 머리와 아가미뚜껑에 가시가 있
어. 옆줄은 뚜렷해.

가시로 쏘는 물고기라고 이름이 '쏨뱅이'야. 다른 나라에서는 전갈처럼 쏜다고 '전갈물고기'라고 해. 등지느러미 가시에 독이 있어. 머리와 아가미뚜껑에도 뾰족한 가시가 있지.

쏨뱅이는 바닷가 물속 바위 밭에서 살아. 늘 돌 틈에 숨어 살면서 멀리 헤엄쳐 나가지 않지. 여름에는 얕은 곳으로 올라왔다가 겨울에는 깊은 곳으로 들어가. 얕은 바닷가에 살면 몸빛이 거무스름한 밤빛이고 깊은 곳에 살면 빨개. 밤에 나와 어슬렁거리면서 작은 물고기나 새우나 게 따위를 잡아먹지. 쏨뱅이는 물이 차가워지는 가을부터 짝짓기를 해. 암컷과 수컷이 서로 배를 맞대고 짝짓기를 하지. 한겨울에 암컷이 새끼를 낳아. 새끼는 플랑크톤처럼 떠다니며 살다가 크면 바닥으로 내려가. 두 해가 지나면 14cm, 4년이면 21cm, 6년이면 24cm쯤 커.

쏨뱅이는 갯바위에서 낚시로 많이 잡아. 지느러미 가시에 쏘이면 아주 시큰시큰 아파. 찔리지 않게 조심해. 지느러미에 독이 있어도 맛은 좋아서 남해나 제주도 사람들이 많이 잡아. 경남 통영 지방에서는 '죽어도 삼뱅이', '살아도 삼배, 죽어도 삼배'라는 말이 있어. 죽었을 때나 살았을 때나 다른 고기보다 맛이 세 배나 더 좋다는 뜻이래. 회로 먹거나 탕을 끓이거나 구워 먹지.

사는 곳 제주, 남해
분포 우리나라, 일본, 대만, 동중국해
먹이 새우, 게, 작은 물고기 따위
몸길이 15~25cm
특징 겨울에 새끼를 낳는다.

쏨뱅이 암컷은 알을 배고 있다가 한 겨울에 새끼를 낳아. 새끼는 플랑크톤처럼 물에 둥둥 떠다녀.

153

아귀

물텀벙, 아구, 망청어, 물꿩, 꺽정이

몸길이는 30~40cm쯤 되는데 1.5m까지도 커. 몸빛은 밤빛이고 까만 무늬가 나 있어. 몸은 위아래로 납작해. 몸에는 얇은 거스러미가 터실 터실 많이 나 있어. 머리가 커서 몸통 반이나 돼. 가슴지느러미는 커다란 조개처럼 생겼어. 꼬리는 가늘고 짧아.

입이 커서 아무거나 덥석덥석 먹는다고 이름이 '아귀'야. 굶어 죽은 귀신을 아귀라고 하거든. 늘 배가 고파 아무거나 닥치는 대로 먹는 모습을 보고 이름을 지었대.

아귀는 입이 아주 커. 입을 벌리면 몸 전체가 입처럼 보일 정도야. 입안에는 바늘 같은 이빨이 줄줄이 나 있어. 한번 물리면 어떤 물고기도 끝장이지. 물 깊이가 50~250m쯤 되는 바다 밑 모랫바닥에 넙치나 가자미처럼 납작 엎드려 반쯤 몸을 묻고 있다가 지나가는 물고기를 잡아먹어. 몸빛이 바닥 색깔이랑 똑같아서 감쪽같이 숨어.

아귀는 낚시하는 물고기야. 머리 위에 낚싯줄이 하나 길게 나 있거든. 등지느러미 가시가 바뀐 거래. 하지만 낚싯줄처럼 흐늘흐늘하고 마음대로 움직일 수 있어. 끝에는 하얀 천 조각처럼 생긴 미끼가 달렸지. 몸을 숨기고 미끼를 살랑살랑 흔들어. 그러면 다른 물고기들이 자기 밥인 줄 알고 달려들 때 와락 한입에 삼켜.

아귀는 4~8월에 바닷가로 옮겨서 짝짓기를 하고 알을 낳아. 알은 말랑말랑한 주머니에 싸여 띠 모양으로 물에 둥둥 떠다녀. 알에서 깨어난 새끼는 다른 물고기처럼 입이 앞쪽으로 제대로 나 있는데 크면서 입이 점점 위쪽을 향해.

옛날에는 징그럽고 못생긴 물고기라고 잡히는 대로 바다에 내던져 버렸대. 버릴 때 텀벙텀벙 물소리를 낸다고 서해에서는 '물텀벙'이라고도 해. 지금은 안 버리고 탕이나 찜을 해 먹어.

사는 곳 남해, 서해, 동해, 제주
분포 우리나라, 일본, 동중국해, 서태평양
먹이 물고기, 오징어, 성게, 갯지렁이,
　　　불가사리 따위
몸길이 30~40cm
특징 낚시질을 해서 작은 물고기를 잡아먹는다.

아귀는 죽은 먹이는 절대 안 먹어. 바닥에 엎드려서 꾹 참고 있다가 먹이가 가까이 오면 낚싯대 미끼로 살살 꾀어 잡아먹지.

양태 장대, 낭태

몸길이는 30~40cm쯤 돼. 50cm 넘게 크기도
해. 몸빛은 사는 곳에 따라 바꾸는데 거무스름한
밤색에 꺼먼 점이 띠를 이뤄. 머리가 크고 위아
래로 납작해. 가슴지느러미는 커. 몸은 아래위로
납작하고 길쭉한데 뒤로 가면서 점차 가늘어져.
꼬리지느러미에 까만 세로띠가 있어.

　양태는 바닥에 붙어사는 물고기야. 물 깊이가 2~60m쯤 되고 바닥에 모래와 진흙이 깔린 따뜻한 바다에 살지. 머리가 납작하고 배도 납작해서 물 바닥에 납작 엎드려 있어. 한곳에 꼼짝 않고 머물러 있기를 좋아하고 잘 안 돌아다녀. 몸빛이 누르스름해서 바닥에 숨으면 감쪽같거든. 낮에는 눈만 내놓은 채 모래를 뒤집어쓰고 있다가 작은 물고기나 새우나 오징어 게 따위가 멋도 모르고 가까이 다가오면 와락 달려들어 한입에 삼켜. 겨울이 되면 깊은 바다로 들어가 바닥에 몸을 파묻고 겨울잠을 자. 봄에 깨면 다시 얕은 바다로 올라와서는 겨우내 굶주린 배를 채우느라 정신없이 먹어 대. 오뉴월이면 짝짓기를 하고 모랫바닥에 알을 낳아. 양태는 어릴 때는 수컷이었다가 다 크면 암컷으로 몸을 바꿔. 크기가 20cm보다 작으면 거의 수컷이야. 더 크면서 하나둘 암컷으로 바뀌다가 몸 크기가 50cm가 넘으면 죄다 암컷이래. 1년에 13cm, 3년에 32cm, 5년에 45cm, 7년에 54cm쯤 커. 3년쯤 지나 30cm쯤 크면 짝짓기를 할 수 있어.

　'양태 대가리는 개도 안 물어 간다'는 말이 있어. 머리가 납작해서 먹을 만한 살점 하나 안 붙어 있다는 우스갯소리야. 하지만 지금은 맛있게 먹는 물고기야. 찌개를 끓이거나 찜을 쪄 먹고 구이나 튀김이나 회로도 먹지. 꾸덕꾸덕 말려서 먹기도 해. 봄부터 가을까지 낚시나 그물로 잡아. 아가미에 뾰족한 가시가 두 개 있으니까 찔리지 않게 조심해.

사는 곳 서해, 남해
분포 우리나라, 일본, 동중국해
먹이 작은 물고기, 새우, 오징어, 게 따위
몸길이 30~40cm
특징 어릴 때는 수컷이다가 다 크면
　　　암컷이 된다.

양태 옆모습이야. 머리가 아주 납작해. 눈동자 위에는 얇은 막이 덮여서 눈이 찌그러져 보여. 그래서 양태를 먹으면 눈병이 난다는 헛소문도 있었어.

연어 런어(북)

몸길이는 40~90cm쯤 돼. 몸은 길쭉해. 머리
는 작지만 주둥이가 뾰족하고 입이 커. 등지느러
미와 꼬리지느러미 사이에 작은 기름지느러미가
있어.

해마다 때가 되면 어김없이 찾아온다고 이름이 '연어(年魚)'야. 연어는 강에서 태어나 바다로 나가 사는 물고기야. 그리고 알 낳을 때가 되면 자기가 태어난 강을 찾아 거슬러 올라와. 알을 낳고는 자기 고향에서 눈을 감는 물고기지.

바다로 나간 연어는 찬물을 따라 러시아를 거쳐 알래스카, 캐나다, 미국 캘리포니아 북쪽 바닷가까지 갔다가 되돌아와. 떼로 헤엄쳐 다니면서 작은 새우나 물고기 따위를 잡아먹으며 커. 바다에서 살 때는 등이 짙은 파란색이고 배는 반짝반짝 빛나는 은빛이지. 3~5년을 바다에서 지내다가 가을에 자기가 태어난 강으로 몰려와. 강을 오르기 시작하면 아무것도 안 먹어. 물살이 콸콸 거세게 내리쳐도 아랑곳하지 않고 끈덕지고 검질기게 헤엄쳐 올라가. 물 위로 3~5m를 펄쩍펄쩍 뛰며 폭포를 거슬러 오르기도 해. 강줄기 맨 윗물로 올라와서는 암컷이 온몸을 뒤틀며 자갈 바닥에 구덩이를 파고 알을 낳아. 한 번에 알을 다 안 낳고 두세 번 구덩이를 더 파고 불그스름한 알을 2,000~3,000개쯤 낳지. 짝짓기를 다 마친 어른 물고기들은 온 힘이 다 빠져 모두 죽어. 알에서 깨어난 새끼는 물벼룩이나 작은 물벌레를 잡아먹으며 5~7cm쯤 크면 봄에 바다로 내려가.

연어는 강을 거슬러 올라올 때 잡아. 우리나라에 오는 연어는 수가 적어. 연어 수를 늘리려고 사람들이 알을 받아서 새끼가 깨어날 때까지 돌봐 줘. 새끼가 깨어나면 강에 풀어 주고 있대.

사는 곳 동해, 남해
분포 우리나라, 일본, 알래스카, 캐나다
먹이 작은 새우나 물고기 따위
몸길이 40~90cm
특징 알을 낳으러 자기가 태어난 강으로
　　　 되돌아온다.

알을 낳으려고 강으로 돌아오면 몸이 까매지고 옆에 붉은색, 초록색, 검은색 구름무늬가 알롱달롱 나타나. 수컷은 주둥이가 앞으로 튀어나와서 갈고리처럼 휘어져.

옥돔 오토미, 오톰이, 생선오름

몸은 40~60cm까지 커. 몸은 길고 옆으로 납작
해. 등은 붉고, 배는 은백색이야. 옆구리로 노란
세로띠가 있어. 아가미뚜껑에 세모난 은백색 무
늬가 있어. 눈은 머리 위쪽에 있어. 머리에서 입
까지 반듯해. 꼬리지느러미에 노란 선이 대여섯
줄 나 있어.

몸빛이 옥처럼 예쁘다고 '옥돔'이지. 머리가 꼭 말 머리를 닮았다고 서양 사람들은 '빨간 말 머리 물고기(red horsehead tilefish)'라고 해.

옥돔은 따뜻한 물에 사는 물고기야. 물 깊이가 30~150m쯤 되고 모래가 깔린 바닥에 살아. 모래에 구멍을 파고 들어가 있어. 그래서 멀리 안 돌아다녀. 바닥에 사는 작은 물고기나 게나 새우나 갯지렁이 따위를 먹고 살지. 날씨가 쌀쌀해 지는 가을에 제주도 바닷가에서 알을 낳아. 수컷이 암컷보다 빨리 커서 두 해가 지나면 수컷이 18cm, 암컷이 16cm, 8년이면 수컷이 32cm, 암컷이 28cm쯤 커. 암컷은 이 년, 수컷은 사 년이 지나면 어른이 되지. 팔구 년쯤 산대. 우리나라에는 옥돔, 황옥돔, 옥두어 이렇게 석 종이 살아.

옥돔은 배를 타고 나가서 낚시로 많이 잡아. 제주도에서 많이 잡지. 겨울철 옥돔이 맛이 좋대. 옛날부터 제사상에 오를 만큼 맛 좋은 물고기야. 영양가도 많아서 아기를 낳은 엄마나 병이 난 사람들이 먹으면 힘이 나고 몸이 빨리 좋아진대. 미역을 넣고 국을 끓여도 비린 맛이 안 나고 담백해. 배를 갈라 꾸덕꾸덕하게 말린 뒤에 소금을 뿌려서 구워 먹기도 해.

옥두놀래기 *Xyrichtys dea*
옥돔과 생김새가 닮았어. 하지만 옥돔과 다른 무리인 놀래기 무리에 드는 물고기야. 옥돔처럼 온몸이 빨개. 그런데 첫째 등지느러미 가시와 둘째 등지느러미 가시가 길어. 모래가 깔린 바위 밭에서 살아. 모래 속에 들어가 잠을 잔대.

사는 곳 제주, 남해
분포 우리나라, 일본, 동중국해, 남중국해
먹이 게, 새우, 갯지렁이 따위
몸길이 40~60cm
특징 몸빛이 옥처럼 예쁘다고 옥돔이다.

용치놀래기 용치, 고생이, 수멩이, 술미, 술뱅이

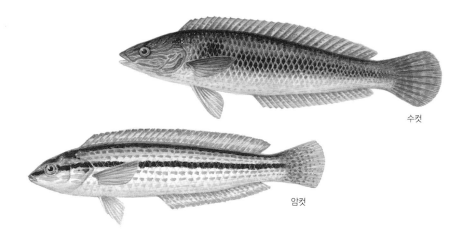

수컷

암컷

몸길이는 25cm쯤 돼. 몸은 옆으로 납작하고 긴 원통형이야. 수컷은 풀빛 몸에 가슴지느러미 뒤에 크고 까만 점이 있어. 암컷은 불그스름한 몸에 까맣고 빨간 띠가 나 있지. 주둥이가 뾰족해. 등지느러미가 몸 뒤쪽까지 길게 이어져. 꼬리지느러미 끄트머리는 둥글어.

용치놀래기는 따뜻한 바다를 좋아해. 바닥에 바위가 울퉁불퉁 있고, 바위 사이에 모래가 깔린 곳을 좋아해. 주둥이가 길쭉하고 이빨이 송곳처럼 뾰족하고 강해서 바위틈에 숨어 있는 갯지렁이나 껍데기가 딱딱한 새우나 게나 조개 따위를 닥치는 대로 쪼아 먹지.

용치놀래기는 잠꾸러기야. 해거름 무렵 어둑어둑해지면 이리저리 돌아다니면서 잠잘 곳을 찾아. 그러고는 머리를 눕혀 모랫바닥을 파고 들어가 쿨쿨 잠을 자. 새벽 해뜰참이 되면 모래에서 머리를 내밀고 이리저리 눈을 굴리면서 나가도 되는지 살피고 나서야 밖으로 빠져나오지. 날씨가 쌀쌀해지고 물이 차가워지면 아예 모랫바닥에 들어가 이듬해 봄까지 겨울잠을 자.

용치놀래기는 암컷과 수컷 몸 빛깔이 아주 달라. 그래서 옛날 사람들은 서로 딴 물고기인 줄 알았지. 암컷은 몸이 빨개서 붉은놀래기, 수컷은 몸이 파래서 청놀래기라고 했어. 그런데 알고 보니 같은 물고기야. 용치놀래기는 크면서 몸도 바꿔. 어릴 때는 암컷이었다가 크면서 수컷으로 몸이 바뀌지. 우리나라에는 놀래기 무리가 스무 종쯤 살아. 놀래기 무리는 크면서 몸을 바꾸는 물고기가 많아. 어렝놀래기, 황놀래기, 놀래기 따위도 크면서 암컷에서 수컷으로 몸이 바뀐대.

암컷

수컷

사는 곳 제주, 남해, 서해
분포 우리나라, 일본, 대만, 중국, 필리핀
먹이 갯지렁이, 조개, 새우, 게 따위
몸길이 25cm쯤
특징 어릴 때는 암컷이다가 크면 수컷으로
　　　몸이 바뀐다.

황놀래기 *Pseudolabrus sieboldi*
놀래기나 용치놀래기보다 더 깊은 물속에서 살아. 낮에 돌아다니고 밤에는 바위틈에 숨어 잠을 자. 암컷이었다가 크면 수컷으로 몸이 바뀌어.

웅어 위어, 웅에, 우어, 차나리

몸길이는 25cm쯤 돼. 등은 푸르스름한 누런 밤색이고 배는 하얘. 몸이 옆으로 납작하고 꼬리가 가늘고 길어. 입은 크고 위턱이 길어서 아가미뚜껑 뒤쪽까지 벌릴 수 있어. 가슴지느러미 위쪽 여섯 줄기가 실처럼 길게 뻗지. 뒷지느러미는 길어서 꼬리지느러미와 이어져.

웅어는 생김새가 꼭 칼처럼 꼬리 쪽으로 갈수록 날카롭게 뾰족해. 그래서 정약전이 쓴 《자산어보》에는 칼 '도(刀)'자 옆에 물고기 '어(魚)'자를 붙여서 '도어(魛魚)'라고도 했지.

웅어는 바다에서 살다가 강을 거슬러 올라와 알을 낳는 바닷물고기야. 서해에만 살아. 바닷가나 큰 강어귀에서 무리 지어 살지. 낮에는 물가를 헤엄치다가 밤에는 깊은 곳으로 들어가. 어릴 때는 동물성 플랑크톤을 먹고 자라다가 어른이 되면 작은 물고기를 잡아먹어. 사오월 보리누름 때부터 강을 거슬러 올라와. 유월쯤 되면 갈대가 덤부렁듬쑥 자란 강가에 알을 낳지. 옛날 사람들은 갈대밭에 사는 물고기라고 '갈대고기'라고 했대. 알을 낳으면 어미 물고기는 죽고 말아. 새끼 물고기는 바다로 내려가서 살다가 이듬해 다 커서 다시 강으로 올라오지.

웅어는 강으로 거슬러 올라오는 보리누름 때 잡아. 성질이 급해서 그물에 걸리면 금세 죽고 쉽게 썩기 때문에 잡자마자 얼음에 쟁여. 회로 먹으면 살이 연하고 고소하지만, 익혀 먹으면 별맛이 없대. 조선 시대에는 한강으로 거슬러 오는 웅어를 잡아다가 임금에게 바칠 만큼 귀한 물고기 대접을 받았어. 《자산어보》에는 "크기는 한 자 남짓 된다. 밴댕이를 닮아 꼬리가 매우 길고 색은 희며 맛이 아주 달다. 횟감으로 상등품이다."라고 쓰여 있지. 하지만 지금은 물이 더러워지고 알 낳을 강가 갈대밭이 파헤쳐 져서 웅어 보기가 어려워.

사는 곳 서해
분포 우리나라, 일본, 중국, 대만
먹이 작은 물고기
몸길이 25cm 안팎
특징 생김새가 칼처럼 생겼다.

배 아래쪽에는 날카로운 비늘이 톱니처럼 나 있어.

임연수어 이면수(북), 이민수, 새치, 가르쟁이

몸길이는 30cm쯤 돼. 50cm 넘게 크기도 해.
몸은 길쭉해. 머리는 작고 꼬리자루는 가늘어.
등은 누런 밤색이고 까만 세로 띠무늬가 구불구
불 죽 나 있어. 옆줄은 다섯 개야. 등지느러미는
길쭉해. 꼬리지느러미는 깊게 파였어.

조선 후기 실학자 서유구가 쓴 《난호어목지》에 "옛날 함경도에 사는 임연수라는 어부가 이 물고기를 잘 낚았다. 그래서 본토박이들이 임연수어라는 이름을 붙였다."라고 쓰여 있어. 강원도 바닷가 사람들은 '새치'라고 해.

임연수어는 찬물을 좋아하는 물고기야. 물 깊이가 150~200m쯤 되는 깊고 차가운 물에서 살아. 정어리, 전갱이, 고등어, 새끼 명태 같은 물고기나 물고기 알, 오징어, 새우, 게, 곤쟁이, 바닥에 기어 다니는 여러 동물들을 안 가리고 먹어. 겨울이 되면 알을 낳으러 얕은 바다로 떼로 몰려와. 바위나 돌 틈에 여러 번 알을 낳지. 알은 둥그렇게 덩어리지고, 수컷이 곁을 지킨대. 새끼 때는 큰 무리를 지어 얕은 바다에서 지내. 한 해가 지나면 21cm, 3년이면 28cm, 4년이 지나면 34cm쯤 커. 어른이 되면 깊은 바다 바닥 가까이에서 살지.

사람들은 알을 낳으러 오는 겨울철에 그물로 잡아. 방파제나 갯바위에서 낚시로도 낚지. 굵은 소금을 뿌려 구워도 먹고 튀기거나 조려 먹어. 살도 맛있지만 껍질도 맛이 좋아. 동해 바닷가 사람들은 껍질을 벗겨 쌈을 싸 먹기도 한대. '임연수어 껍질은 시어머니도 안 준다'는 우스갯소리까지 있어.

사는 곳 동해
분포 우리나라, 일본, 오호츠크해, 북극, 남극
먹이 작은 물고기, 오징어, 새우, 게, 해파리 따위
몸길이 30~50cm
특징 임연수라는 어부가 잘 잡은 물고기라고
　　　임연수어다.

혼인색
짝짓기 때가 되면 수컷 몸빛이 누런 밤색에서
파르스름하게 바뀌어.

자리돔 자리

몸길이는 15cm 안팎이야. 몸빛은 거무스름한
밤색이지. 몸통은 옆으로 납작해. 가슴지느러미
가 몸에 붙은 곳에 거무스름한 점이 있어. 등지느
러미가 끝나는 등에는 하얀 점이 있지. 꼬리지느
러미는 가위처럼 갈라졌어.

자리돔은 제주 바다에 사는 물고기야. 물이 따뜻하고 바위가 울퉁불퉁 많은 바닷가나 산호 밭에서 살아. 몸 크기가 붕어만 한 자리돔들이 물속에서 떼로 몰려다니지. 꼬리 쪽에 눈알 크기만 한 하얀 점이 있어서 햇살을 받으면 반짝반짝 빛나. 물 밖으로 나오면 하얀 점은 감쪽같이 사라져. 작은 입을 쫑긋거리면서 쪼그만 플랑크톤을 호록호록 잡아먹어. 낮에는 떼 지어 다니다가 밤이 되면 돌 틈이나 산호 속에 들어가 쿨쿨 자. 유채꽃 피는 봄부터 한여름까지 짝짓기를 해. 수컷이 바위에 움푹 파인 곳을 깨끗하게 치우고 암컷을 데려와. 암컷은 알을 다 낳으면 뒤도 안 돌아보고 떠나는데, 수컷은 알이 깨어날 때까지 내내 곁을 지켜. 알에서 깨어난 새끼는 한 달쯤 물에 둥둥 떠다니다가 1cm쯤 자라면 바위 밭에 내려가 살아. 이삼 년쯤 살지.

자리돔은 제주도에서 울릉도, 독도까지 따뜻한 물이 올라오는 곳에서 살아. 옛날 제주도 사람들은 나무를 엮은 뗏목을 타고 나가서 그물로 자리돔을 잡았대. 이걸 제주도 사람들은 '자리 뜬다'고 해. 여름에 많이 잡아. 잡아서 뼈째 썰어 회로 먹거나 물회를 만들어 먹어. 소금을 뿌려 구워 먹거나 자박자박 조려 먹어도 맛있대. 젓갈도 담아.

사는 곳 제주, 남해, 울릉도, 독도
분포 우리나라, 일본, 동중국해
먹이 플랑크톤
몸길이 15cm 안팎
특징 수컷은 알이 깨어날 때까지 곁을 지킨다.

알을 지키는 수컷
자리돔은 수컷이 알을 지켜. 바위에 붙인 알에서 새끼가 깨어날 때까지 곁을 지키지.

자바리

몸은 1m가 넘게 커. 몸빛은 거무스름한 밤색이
야. 몸통에 밤색 줄무늬가 여섯 줄 나 있어. 줄무
늬는 앞쪽으로 비스듬히 휘어지는데 뚜렷하지 않
고 얼룩얼룩해. 나이가 들면 이 무늬는 없어져.
꼬리지느러미 끝은 둥글어.

　몸빛이 자줏빛인 바리라고 이름이 '자바리'야. 제주 사람들은 '다금바리'라고 하는데 다금바리라는 물고기는 따로 있지. 자바리는 제주도 바닷가에서 살아. 따뜻한 물을 좋아해. 물 깊이가 50m 안팎인 바닷속 바위틈이나 굴에서 혼자 살아. 한번 집으로 정하면 좀처럼 안 떠나. 새끼 때부터 서로 자리다툼을 해서 혼자 살아. 서로 가까이 있는 걸 안 좋아해. 해거름부터 굴에서 나와서 먹이를 잡아먹어. 물고기나 새우나 게 따위를 잡아먹지. 덩치가 커서 1m 넘게 자라. 몸에 밤색 띠무늬가 비스듬히 나 있는데 크면서 흐릿해 지다가 늙으면 아예 사라져 버려.

　자바리는 덩치도 크고 힘도 세. 낚시에 걸려도 낚싯대가 활처럼 휘영휘영 휘고 안 딸려 나온대. 그래서 낚시꾼 사이에 '바다낚시의 황제'라는 별명까지 붙었어. 사람들이 마구 잡아 대는 바람에 지금은 수가 많지 않대. 회를 떠 먹으면 아주 맛있어.

다금바리 *Niphon spinosus*
생김새가 농어를 닮아서 남해 바닷가 사람들은 '뻘농어'라고 해. 등은 자줏빛이 도는 파란색이고 배는 하얘. 100~200m 바닷속 바위 밭에서 살지. 자바리보다 깊은 물에서 살아. 1m 안팎으로 자라.

사는 곳 제주, 남해
분포 우리나라, 일본, 대만, 중국, 말레이시아, 인도
먹이 작은 물고기, 게, 새우 따위
몸길이 1m 이상
특징 온몸이 자줏빛이다.

자주복

검복아지(북), 자지복아지(북), 참복, 자지복, 점복

몸길이는 30~40cm쯤 돼. 80cm까지 크기도
해. 몸은 둥그스름하고 뒤쪽으로 갈수록 가늘어
져. 등은 거무스름하고 배는 하얘. 등에는 까만
점들이 흩어져 있어. 가슴지느러미 뒤에는 크고
까만 점이 하나 있어. 앞니는 납작하고 아가미구
멍은 아주 작아. 몸 뒤쪽에서 등지느러미와 뒷지
느러미가 서로 마주 보고 있어. 등지느러미와 가
슴지느러미와 꼬리지느러미는 까매. 뒷지느러미
는 하얗지.

자주복은 동해에도 살고 서해와 남해에도 살아. 복어 가운데 으뜸이라고 사람들이 '참복'이라고 해. 하지만 참복이라는 복어는 따로 있어. 봄에 알을 낳으러 바닷가로 몰려와. 3~6월 동안 물 깊이가 20m쯤 되고 바닥에 모래와 자갈이 깔린 곳에 알을 낳지. 암컷 한 마리가 60만~150만 개쯤 낳아. 알은 끈적끈적해서 모래나 돌에 들러붙어. 여름이 오기 전에 앞바다로 다시 나갔다가 겨울이 되면 제주도 아래까지 내려가서 겨울을 나. 어릴 때에는 작은 플랑크톤을 잡아먹다가 크면 새우나 게나 작은 물고기 따위를 잡아먹어. 다른 복어처럼 놀라면 물을 벌컥벌컥 들이켜서 몸을 빵빵하게 부풀려. 어릴 때는 더 자주 그러지. 괜찮다 싶으면 다시 물을 뱉어 내서 몸을 되돌리는데 물만 뱉어 내지 잡아먹은 먹이는 하나도 안 뱉어 낸대. 한 해가 지나면 25cm, 4년이면 47cm, 6년이면 55cm, 8년이면 64cm쯤 커. 서너 해 지나 45cm쯤 크면 어른이 되지. 헤엄치는 것보다 모래나 펄 바닥에 몸을 파묻고 있기를 좋아해. 물이 차가워지면 아예 밥을 안 먹고 모래 속에 들어가 잠을 잔대. 십 년쯤 살아.

자주복은 복어 가운데 맛이 으뜸이래. 겨울과 봄에 잡아. 회를 뜨거나 국을 끓여 먹지. 하지만 난소와 간에 강한 독이 있어서 꼭 전문 요리사가 해 준 음식을 먹어야 해. 잘못 먹으면 사람이 죽을 수도 있대.

사는 곳 동해, 남해, 서해, 제주
분포 우리나라, 일본, 대만, 중국
먹이 새우, 게, 작은 물고기 따위
몸길이 30~40cm
특징 복어 가운데 으뜸으로 친다.

부푼 배
복어는 화가 나거나 누가 건들면 배를 볼록하게 부풀려. 물을 잔뜩 들이켜서 부풀린대.

전갱이
전광어(북), 매가리, 각재기, 아지

다 크면 40cm쯤 돼. 등은 파르스름한 풀빛이 돌고 배는 하얘. 남쪽에 살수록 몸 빛깔이 짙고 북쪽에 살수록 옅어져. 눈에는 기름눈꺼풀이 있어. 등지느러미는 두 개야. 뒷지느러미 앞에는 가시 두 개가 따로 떨어져 있어. 꼬리지느러미는 깊게 갈라졌고, 꼬리자루는 아주 잘록해. 옆줄을 따라 큰 비늘이 붙어 있어.

전갱이는 따뜻한 물을 따라 우르르 떼 지어 다녀. 봄에 올라왔다가 날씨가 추워지면 따뜻한 남쪽으로 내려가. 물속 가운데나 밑에서 떼 지어 다녀. 날씨가 좋으면 물낯으로도 올라와. 작은 멸치나 새우나 새끼 물고기 따위를 잡아먹어. 6~8월 여름에 남해로 올라와서 알을 낳아. 알에서 깨어난 새끼는 해파리나 물에 둥둥 떠다니는 바닷말 밑에서 숨어 살아. 가을이 되면 먼바다로 나가지. 한 해가 지나면 17cm, 3년이면 27cm, 4년이면 30cm쯤 커. 예닐곱 해를 살아.

전갱이는 몸통 옆줄을 따라 다른 몸 비늘과 사뭇 다른 커다란 비늘이 다다닥 붙어 있어. 전갱이 무리는 모두 이런 비늘이 붙어 있지. 이 비늘 하나하나에는 짧고 뾰족한 가시가 하나씩 있어. 따가우니까 손으로 잡을 때는 찔리지 않게 조심해야 돼. 그물로 잡아서 굽거나 조려 먹어. 회로 먹어도 기름기가 많아서 고소하고 맛있대.

갈전갱이 *Kaiwarinus equula*
몸이 옆으로 납작하고 등이 높아. 옆줄이 머리끝에서 활처럼 휘어져. 따뜻한 바다 밑바닥에 살지. 잡아서 어묵을 만들어. 흑산도에서는 '갈고등어'라고 해.

사는 곳 남해, 서해, 동해, 제주
분포 우리나라, 일본, 동중국해
먹이 플랑크톤, 새우, 작은 물고기 따위
몸길이 40cm쯤
특징 옆줄 따라 모비늘이 붙어 있다.

175

전어 _{전애}

몸길이는 25cm쯤 돼. 몸은 타원형이고 옆으로
납작해. 등은 푸른빛을 띠고 배는 은빛이야. 몸
통 비늘에 까만 점이 줄줄이 나 있어. 아가미 뒤
에는 까만 점이 커다랗게 하나 있지. 등지느러미
맨 끝에 줄기 하나가 실처럼 길게 늘어졌어.

전어는 따뜻한 바다에서 사는 물고기야. 물 깊이가 30m 안쪽인 얕은 바다에 많이 살아. 물낯 가까이나 가운데쯤에서 무리 지어 살아. 몸이 화살촉처럼 뾰족해서 재빠르게 헤엄치지. 생김새가 화살을 닮았다고 '전어(箭魚)'야. 봄부터 여름 들머리에 바닷가로 가까이 와서 알을 낳아. 알은 물 위에 둥둥 떠다녀. 한 해가 지나면 10cm, 3년째는 18cm, 5년째는 21cm쯤 커. 3년쯤 지나면 어른이 돼. 늦은 가을이 되어 물이 차가워지면 깊은 곳으로 모여들어 겨울을 나. 성질이 급해서 낚시나 그물로 잡아 올리면 금방 죽어 버려.

'봄 숭어, 가을 전어', '가을 전어 머리에는 깨가 서 말이다'라는 말이 있어. 알을 낳는 봄에서 여름까지는 맛이 없지만 가을이 되면 몸이 통통해지고 기름기가 끼면서 맛이 아주 좋아. 그물을 쳐서 잡지. 잔가시가 많지만 뼈째 썰어 회로도 먹고 구워도 먹고 젓갈도 담가. '전어 굽는 냄새에 집 나가던 며느리가 돌아온다'는 우스갯소리가 있을 정도로 맛이 좋대. 맛이 좋아서 사람들이 돈을 안 아끼고 샀다고 '전어(錢魚)'라는 이름이 붙었다고도 해. 전어 위는 닭 모래주머니처럼 생겼어. 이것을 '밤'이라고 하는데 따로 떼어 젓갈을 담가. '전어밤젓'이라고 해.

사는 곳 서해, 남해
분포 우리나라, 일본, 중국, 인도양, 중부 태평양
먹이 플랑크톤, 개흙 속에 사는 작은 동물
몸길이 25cm 안팎
특징 몸이 뾰족하고 옆으로 납작하다.

전어는 물 바닥 개흙을 뒤지며 먹이를 찾아.
먼바다에서 잡은 전어보다 개흙을 뒤져 먹고
자란 전어가 더 맛있대.

정어리 눈치, 징어리

몸길이는 20~25cm쯤 돼. 등은 푸르고, 배는
하얗고 반짝반짝 빛나. 입은 작고 아래턱이 위턱
보다 조금 앞으로 튀어나왔어. 눈에 기름눈꺼풀
이 있어. 몸통에 검은 점무늬가 일고여덟 개쯤 옆
으로 줄지어 있어. 옆줄은 없어. 둥근 비늘은 쉽
게 떨어져. 배 모서리에 톱니 모양으로 비늘이 나
있어. 꼬리지느러미는 가위처럼 가운데가 깊게
파였지.

정어리는 따뜻한 물을 좋아하는 물고기야. 겨울에는 제주도 동남쪽 바다에서 지내다가 봄부터 따뜻한 물을 따라 남해를 거쳐 동해로 올라와. 수십만 마리가 떼를 지어 몰려다녀. 서로 간격을 딱딱 잘 맞춰서 마치 한 몸처럼 이리저리 방향을 바꾸며 헤엄쳐 다니지. 정어리는 물낯에서 바닷속 110m까지 마음껏 오르락내리락해. 낮에는 물속 가운데쯤 있다가 밤에는 물낯으로 올라와. 입을 딱 벌리고 헤엄치면서 플랑크톤을 걸러 먹지. 고등어나 가다랑어나 방어 같은 커다란 물고기뿐만 아니라 고래나 물개 같은 바다짐승이 힘없는 정어리 떼를 쫓아다니며 잡아먹지. 그래서 사람을 먹여 살리는 쌀처럼 바다 동물을 먹여 살린다고 '바다의 쌀'이라고 한대. 정어리는 2~4월에 우리나라 바닷가로 와서 알을 낳아. 해 저물녘부터 한밤중까지 물낯 가까이에서 알을 두세 번 나누어 낳아. 암컷 한 마리가 2만~5만 개쯤 낳는대. 알에서 깨어난 새끼는 한 해가 지나면 15cm, 3년에 20cm, 5년에 22cm쯤 자라고 25cm쯤 크면 더 이상 안 커. 두 해쯤 지나면 어른이 되고 오륙 년을 살아.

정어리는 떼로 몰려올 때 둥그렇게 그물을 쳐서 잡아. 정어리는 쉽게 썩거나 상해서 옛날에는 잘 안 먹었어. 상한 정어리를 먹고 탈도 많이 났대. 하지만 요즘에는 살에 기름기가 많아서 소금을 뿌려 구워 먹어. 젓갈을 담그기도 하고 기름을 짜서 쓰기도 해. 예전에는 많이 잡았다는데 지금은 어쩐 일인지 수가 줄어서 많이 못 잡아.

떼로 몰려다니는 정어리
몸집이 작은 정어리는 떼로 몰려다녀. 큰 물고기나 고래 같은 바다짐승이 정어리 떼를 쫓아다니지.

사는 곳 동해, 남해, 제주
분포 우리나라, 일본, 동중국해
먹이 플랑크톤
몸길이 20~25cm
특징 수십만 마리가 떼로 몰려다닌다.

조피볼락 우레기(북), 우럭, 개우럭, 검처구

몸길이는 20~30cm쯤 돼. 70cm 넘게 크기도
해. 온몸이 거뭇하고 까만 점무늬가 자글자글 나
있어. 몸통에 두툼한 검은 줄무늬 두세 개가 세로
로 희미하게 나 있지. 배는 연한 잿빛이야. 눈이
댕그랗게 크고 입술은 두툼해. 눈 뒤쪽으로 검은
줄무늬가 두세 줄 비스듬히 나 있어. 아가미뚜껑
에는 짧은 가시가 있고 비늘이 없어. 꼬리지느러
미 끄트머리는 자른 듯하고 위아래가 허예.

조피볼락은 '우럭'이라는 이름으로 더 많이 알려졌어. 정약전이 쓴《자산어보》에는 몸빛이 검다고 '검어(黔魚)'라고 했어. 물 깊이가 10~100m쯤 되는 바다에 살아. 바위가 울퉁불퉁 많고 바닷말이 수북이 자란 바닷가에서 많이 살지. 해가 뜨면 때로 모이는데 아침저녁에 가장 힘차게 몰려다녀. 하지만 자기 사는 곳을 멀리 안 떠나. 작은 물고기나 새우나 게나 오징어 따위를 잡아먹어. 밤에는 저마다 흩어져서 먹이를 찾거나 바위틈에서 가만히 쉬어. 물이 차가워지는 겨울에 짝짓기를 하고 이듬해 봄에 새끼를 수십만 마리 낳아. 조피볼락은 알을 안 낳고 새끼를 낳는 난태생이야. 갓 깨어난 새끼는 7mm 안팎이고 물 위에 떠다니는 바다풀과 함께 둥둥 떠다녀. 2년쯤 지나면 24cm, 4년에 35cm, 6년에 40cm쯤 커. 다 크면 어른 팔뚝만 해. 우리나라 모든 바다에서 살지만 서해에 많아. 물이 차가워지는 가을이면 깊은 곳으로 더 들어가거나 따뜻한 남쪽으로 내려갔다가 봄이 되면 도로 올라와.

조피볼락은 맛이 좋아서 사람들이 즐겨 먹어. 회로도 먹고 매운탕을 끓여 먹기도 하지. 사람들이 좋아하니까 바다에 그물로 가두리를 쳐 놓고 많이 길러. 바닷가 갯바위에서는 낚시로 많이 잡지. 등지느러미 끝이 바늘처럼 뾰족해서 손이 찔리면 눈물이 찔끔 날 만큼 아파. 조심해야 돼.

사는 곳 서해, 남해, 동해
분포 우리나라, 일본, 중국
먹이 작은 물고기, 새우, 게, 오징어 따위
몸길이 20~30cm
특징 사람들이 많이 가둬 기른다.

오뉴월이 되면 조피볼락 암놈이 새끼를 낳아.
엄마 배 속에서 수십만 마리 새끼가 후드득후드득 빠져나오지.

준치 시어, 진어

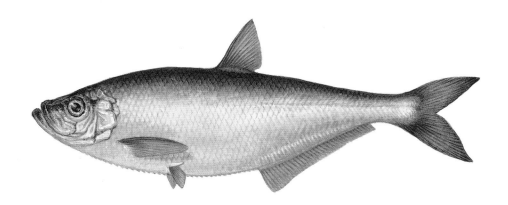

몸길이는 40~50cm쯤 돼. 몸은 길고 옆으로 넓
적해. 등 쪽은 어두운 파란색이고 배는 허열지.
지느러미는 누레. 머리는 작고 주둥이는 짧아.
입은 크고 위로 향하고 양턱에는 이빨이 없어. 아
래턱이 위턱보다 길어. 눈이 크고 기름눈꺼풀이
덮여 있어. 비늘은 크고 둥글고 잘 떨어져. 옆줄
은 없어. 배 아래쪽에 비늘이 톱니처럼 날카롭게
나 있어.

준치는 따뜻한 서해와 남해에 사는 물고기야. 바닥에 모래나 펄이 깔린 얕은 바다 가운데쯤에서 무리 지어 헤엄쳐 다녀. 새우나 작은 물고기를 잡아먹지. 겨울에는 제주도 남쪽 먼바다로 내려갔다가 봄이 되면 서해로 올라와. 오뉴월에 모래나 펄이 깔린 강어귀에서 알을 낳지. 우리나라 금강 어귀나 중국 황허강, 양쯔강 어귀에서 많이 낳는대. 옛날에는 초여름이 지나면 감쪽같이 사라졌다가 다음 해 봄에 때맞추어 나타난다고 '시어(鰣魚)'라고 했다지. 봄에 올라오는 고기 떼를 배들이 쫓아 올라가면서 잡았다고 해.

'썩어도 준치'라는 말이 있어. 썩어도 맛이 있다는 말이지. 물고기 가운데 가장 맛있다고 '참다운 물고기'라는 뜻으로 '진어(眞魚)'라고도 했어. 오뉴월 찔레꽃머리 때 잡은 준치가 가장 맛있대. 하지만 몸에 가시가 많아서 조심해서 발라 먹어야 해. 회나 소금구이로 먹고 옛날에는 단오 때 국을 끓여 먹었대.

사는 곳 서해, 남해
분포 우리나라, 일본, 중국, 대만,
　　　말레이시아, 인도
먹이 새우, 작은 물고기 따위
몸길이 40~50cm
특징 몸에 가시가 많다.

먹이를 먹을 때는 주둥이를 앞으로 쭉 내밀어. 꼭 깔때기처럼 튀어나와.

줄도화돔 도화돔

몸길이는 10~13cm쯤 돼. 몸은 복숭아꽃처럼 붉어. 머리에서 몸통으로 까만 줄이 두 줄 나 있어. 한 줄은 눈을 지나고, 다른 한 줄은 눈 위로 지나가. 눈은 크고 아래턱이 위턱보다 길어. 등지느러미는 두 개로 나뉘어졌어. 첫째 등지느러미 위쪽 끄트머리는 까매. 꼬리지느러미 바로 앞에는 까만 점이 있어.

줄도화돔은 몸빛이 복숭아꽃처럼 분홍빛이 돌고 몸을 가로질러 까만 줄무늬가 있어서 이런 이름이 붙었어. 따뜻한 물에 사는 물고기야. 어른 손가락만 해. 얕은 바닷가에서부터 물속 100m 깊은 곳까지 살아. 물속 바위 밭에서 떼 지어 돌아다니지. 몸집이 더 큰 자리돔과 함께 큰 무리를 이루기도 해. 떼 지어 다니면서 작은 새우나 곤쟁이나 플랑크톤 따위를 먹고 살아.

여름이 되면 짝짓기를 하고 알을 12,000~15,000개쯤 낳아. 줄도화돔은 암컷이 알을 낳으면 수컷이 알을 입에 한가득 넣어. 가끔 암컷이 입에 넣기도 해. 절대 꿀떡 삼키지 않아. 입에 넣어 알을 지키는 거야. 입에 알이 가득하니까 수컷은 새끼가 깨어날 때까지 아무것도 못 먹지. 알이 잘 깨어나도록 신선한 물과 공기를 넣어 주려고 입만 뻥긋뻥긋해. 새끼가 깨어나 입 밖으로 나와도 계속 곁을 지키지. 큰 물고기가 새끼를 잡아먹으려고 덤비면 다시 새끼를 날름 입안에 넣어 지킨대. 수컷은 새끼가 깨어날 때까지 아무것도 못 먹으니까 살이 쪽 빠져 야위고 비실비실하지. 더러는 힘이 빠져 죽기도 해.

사는 곳 제주, 남해, 서해, 동해
분포 우리나라, 일본, 필리핀, 인도네시아, 호주
먹이 작은 새우, 물고기 따위
몸길이 10~13cm
특징 수컷이 입에 알을 넣어 지킨다.

알을 지키는 줄도화돔
줄도화돔은 수컷이 알을 입에 넣고 지켜. 알은 끈끈한 실로 얽혀 덩어리져. 새끼가 깨어날 때까지 입에 넣고 다니지.

쥐가오리 쥐가우리

몸길이는 1~2m쯤이고, 너비는 2~3m쯤 돼.
몸은 위아래로 납작하고 마름모꼴이야. 등은 잿
빛이고 배는 하얘. 머리 양쪽에 머리지느러미가
있어. 입은 배 쪽에 있어. 눈은 서로 멀리 떨어져
있지. 아가미구멍이 배 쪽에 다섯 쌍 나 있어. 등
지느러미가 꼬리 쪽에 작게 하나 있어. 꼬리는 가
늘고 길어. 꼬리 위에 짧은 가시가 하나 있어.

머리 양쪽에 쥐 귀처럼 생긴 머리지느러미가 있다고 '쥐가오리'야. 머리 양쪽에는 꼭 배 젓는 노 머리처럼 생긴 머리지느러미가 넓적하게 툭 튀어나왔어. 우리나라 사람들은 쥐 귀처럼 생겼다고 여겼지만, 서양 사람들은 악마 머리에 난 뿔처럼 생겼다고 여겼어. 그래서 서양 사람들은 '악마가오리'라며 무서워했대. 하지만 쥐가오리는 성질이 아주 순해.

쥐가오리는 따뜻한 물을 따라 먼바다를 돌아다녀. 몸은 홍어를 닮았는데 몸집이 훨씬 커. 자동차만 해. 가슴지느러미를 날개처럼 너울거리면서 헤엄치지. 꼭 바닷속을 날아가는 비행기 같아. 가슴지느러미를 쫙 펴면 육칠 미터가 넘는 쥐가오리도 있어. 입을 크게 벌리고 헤엄치면서 작은 플랑크톤이나 새우 따위를 걸러 먹어. 먹이가 많으면 수십 마리가 떼로 모여들지. 상어 같은 천적이 달려들면 물 밖으로 펄쩍 뛰어오르기도 해. 가끔 몸에 붙은 기생충을 떼어 내려고 뛰어올라 공중제비를 돌기도 한대. 쥐가오리 밑에는 빨판상어가 딱 붙어 함께 헤엄치기도 해. 쥐가오리는 알을 안 낳고 새끼를 낳아. 일곱에서 여덟 마리쯤 낳지. 가끔 그물에 걸려 올라와.

사는 곳 제주, 남해
분포 열대와 온대 바다
먹이 플랑크톤, 작은 새우
몸길이 1~2m
특징 새처럼 날갯짓하며 헤엄친다.

쥐가오리 배 쪽
쥐가오리는 배 쪽에 입과 아가미가 있어. 입을 크게 벌리고 헤엄치면서 작은 플랑크톤을 걸러 먹어. 덩치는 크지만 순해서 사람한테 안 덤벼.

쥐노래미 석반어(북), 놀래미, 게르치, 돌삼치

몸길이는 20~50cm쯤 돼. 머리가 뾰족하고 몸은 약간 길쭉해. 누런 밤색 몸빛에 짙은 밤색 점무늬가 이리저리 나 있어. 몸빛은 사는 곳에 따라 달라져. 몸통에는 옆줄이 다섯 줄 나 있어. 꼬리지느러미 끄트머리가 자른 듯 반듯해.

노래미와 닮았는데 몸빛이 쥐색을 띤다고 쥐노래미야. 물 깊이가 100m 안쪽이고 물이 잘 흐르고 바닥에 모래와 자갈이 깔리고 갯바위가 많은 바닷가에서 살아. 사는 곳에 따라 몸빛이 누런 밤색, 잿빛 밤색, 보랏빛 밤색으로 달라. 부레가 없어서 헤엄쳐 다니기보다 바닥이나 바위에 배를 대고 가만히 있기를 좋아해. 눈 위에 작은 돌기가 귀처럼 쫑긋 솟았어. 마치 소리를 들으려고 귀를 쫑긋 세운 것처럼 보여. 옛날 사람들은 이 돌기를 귀라고 여겼어. 그래서 쥐노래미를 '귀 달린 물고기'라고 했대.

쥐노래미는 11월부터 1월까지 추운 겨울에 알을 낳아. 알은 서로 몽글몽글 딱 붙어서 둥그렇게 덩어리져. 알 덩어리는 모자반 같은 바닷말 줄기나 자갈이나 바위에 붙지. 수컷은 알이 깨어날 때까지 곁을 지켜. 알에서 깨어난 새끼는 물낯 가까이를 헤엄쳐 다니면서 플랑크톤을 먹다가, 자라면서 바다 밑바닥으로 내려가. 바닷가 갯바위 물웅덩이에서 등지느러미에 검은 점이 자글자글 난 새끼들이 물 밑바닥을 부지런히 돌아다니는 모습을 가끔 볼 수 있어. 바닥에 사는 작은 새우나 게나 지렁이나 물고기를 잡아먹고 바닷말도 뜯어 먹지. 사람들은 낚시로 많이 잡아. 회로 먹고 말려서 구워 먹기도 해.

사는 곳 서해, 남해, 동해
분포 우리나라, 일본
먹이 작은 새우, 게, 지렁이,
　　　물고기, 바닷말 따위
몸길이 20~50cm
특징 눈 위에 돌기가 귀처럼 쫑긋 솟았다.

알은 몽글몽글 덩어리져서 바닷말 줄기나 바위에 딱 붙어. 알이 깨어날 때까지 수컷이 곁을 지켜. 이때는 수컷 몸이 더 노래져.

쥐치 쥐고기, 노랑쥐치, 딱지

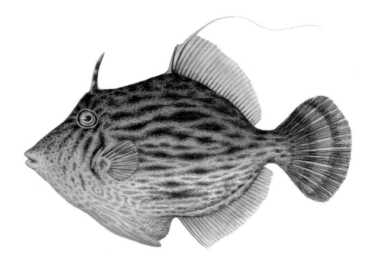

몸길이는 10~20cm쯤 돼. 몸빛은 누르스름하고 검은 점무늬가 얼룩덜룩해. 몸은 넓적하고 옆으로는 납작해. 비늘에 쪼그만 가시가 있어서 만져 보면 까칠까칠해. 첫 번째 등지느러미는 가시처럼 바뀌었어. 수컷은 두 번째 등지느러미에서 줄기 하나가 실처럼 길게 늘어졌어. 꼬리지느러미 끝은 둥글어.

주둥이가 쥐처럼 뾰족하고 물 밖으로 나오면 '찍찍' 쥐 소리를 낸다고 이름이 쥐치야. 말쥐치와 달리 몸이 노랗다고 '노랑쥐치', 생김새가 딱지 모양이라고 '딱지'라는 딴 이름도 있어. 김려가 쓴 《우해이어보》에는 쥐와 닮았다고 '서어(鼠魚)'라고 했어.

쥐치는 물 깊이가 20~50m쯤 되는 물속 바위 밭에서 떼를 지어 살아. 따뜻한 물을 좋아하지. 별일 없을 때는 지느러미를 쫙 펴고 앞뒤로 느릿느릿 헤엄쳐. 하지만 먹이를 잡을 때는 재빨리 쫓아가서 잡아. 또 온몸에 뾰족한 가시가 돋은 성게를 입으로 물을 쭉쭉 뿜어서 홀라당 뒤집어. 그리고는 가시가 없는 배를 톡톡 쪼아 먹지. 입으로 물을 뿜어서 모랫바닥을 뒤집어서는 숨어 있는 조개나 갯지렁이도 잡아먹어. 또 다른 물고기는 얼씬도 안 하는 해파리도 뜯어 먹지. 누가 건드리거나 화가 나면 눈 깜짝할 사이에 몸 빛깔을 바꾸고 등에 누워 있던 대바늘 같은 가시를 꼿꼿이 세우고 꼬리지느러미를 쫙 펴지. 여름이 되면 물 깊이가 10m쯤 되는 얕은 바다로 올라와 알을 낳아. 알에서 깨어난 새끼는 바닷말 숲에서 살다가 크면 바위 밭으로 내려가.

쥐치는 입은 작지만 이빨이 튼튼해서 낚싯줄도 썩둑썩둑 잘라. 입이 작아서 낚시 미끼를 못 삼키고 옆에서 갉작갉작 갉아 먹는대. 쥐치는 그물로 잡아. 회로도 먹고 조려 먹기도 해.

사는 곳 남해, 서해, 제주
분포 우리나라, 일본, 대만, 동중국해, 호주
먹이 갯지렁이, 새우, 게, 조개, 해파리 따위
몸길이 10~20cm
특징 등지느러미 가시 하나를 눕혔다
세웠다 한다.

몸빛 바꾸기
쥐치는 별일 없을 때랑 화났을 때 모습이 달라. 화가 나면 등 가시를 꼿꼿이 세우고 몸빛이 더 짙어져.

짱뚱어 짱둥이, 잠퉁이, 잠퉁어

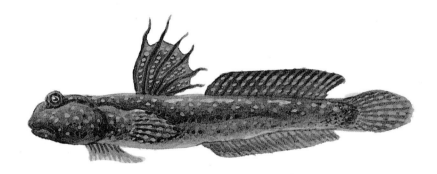

다 크면 20cm 안팎이야. 몸은 짙은 잿빛이고 파란 점이 숭숭 나 있어. 등지느러미와 꼬리지느러미에도 파란 점이 나 있지. 눈은 작고 머리 위로 툭 튀어나왔어. 몸은 가늘고 긴 원통형이야. 배에는 빨판이 있어.

짱뚱어는 질척질척한 갯벌에 구멍을 파고 살아. 개펄에 나와 가슴지느러미를 팔처럼 써서 늘쩡늘쩡 기어 다녀. 말뚝망둥어처럼 물 밖에서도 숨을 쉴 수 있거든. 아가미에 공기주머니가 있어서 물 밖에서도 숨을 쉴 수 있는 거야. 공기주머니에 숨을 크게 들이쉬면 뺨이 공처럼 불룩해져. 살갗으로도 숨을 쉬지. 늘쩡늘쩡 기어 다니다가도 폴짝폴짝 잘도 뛰어오르지. '짱뚱이가 뛰니까 게도 뛰려다 등짝 깨진다'는 우스갯소리도 있어. 5~7월 짝짓기 철에는 수컷이 자기 집 둘레에서 잇달아 높이 뛰어오르고 등지느러미를 쫙 펼쳐 암컷을 부르지. 암컷을 앞에 두고 수컷끼리 싸우기도 해. 암컷이 구멍 속에 알을 5,000개쯤 낳아 천장에 붙이면 수컷이 곁을 지켜.

짱뚱어는 낮에는 구멍을 들락날락하면서 갯벌 흙을 갉작갉작 긁어서 물풀이나 작은 동물을 먹어. 두 눈이 머리 위쪽에 있어서 30m 멀리까지 잘 봐. 해 지기 한두 시간 전부터 구멍 속에 들어가 숨지. 겨울이 되면 펄 속에 들어가 겨울잠을 자. 겨울잠을 오래 잔다고 '잠둥어'라고 하다가 '짱뚱어'라는 이름이 붙었대. 첫서리가 오면 들어가서 벚꽃이 피면 나온다지. 사람들은 갯벌에서 훌치기낚시로 잡아. 긴 낚싯줄에 낚싯바늘을 달고 갯벌에 던져 놓았다가 잽싸게 훌쳐서 잡지. 탕을 끓여 먹고 굽거나 말려서 먹기도 해.

사는 곳 서해, 남해
분포 우리나라, 일본, 대만, 남중국해,
　　　말레이시아
먹이 펄 속 영양분이나 미생물
몸길이 20cm 안팎
특징 물 밖에 나와 돌아다닌다.

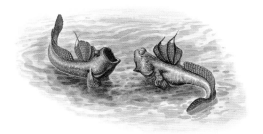

짝짓기 철이 되면 수컷끼리 싸움을 해. 등지
느러미를 활짝 펴고 펄쩍펄쩍 뛰면서 싸워.

참가자미 참가재미(북), 개재미, 가재미

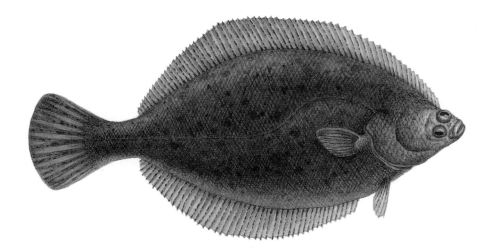

다 크면 몸길이가 40cm쯤 돼. 몸은 둥글고 넓적
해. 앞에서 보면 두 눈이 오른쪽으로 쏠렸어. 눈
이 있는 쪽 몸은 푸르스름한 누런 밤색에 까만 점
이 흩어져 있어. 옆줄은 가슴지느러미 위에서 반
달 모양으로 휘어져. 꼬리지느러미 끝은 둥그스
름해. 눈이 없는 쪽 등과 배 가운데쯤부터 꼬리까
지 가장자리를 따라 누런 띠가 있어.

가자미 무리 가운데 진짜 가자미라고 이름이 '참가자미'야. 우리 바다에는 가자미 무리가 스무 종쯤 살아. 가자미는 서해에 많이 사는 넙치랑 똑 닮았지. 앞에서 봤을 때 눈이 오른쪽으로 쏠리면 가자미고, 왼쪽으로 쏠리면 넙치야. 눈과 코만 한쪽으로 쏠렸을 뿐 다른 기관은 모두 양쪽으로 마주 놓였어.

두 눈이 한쪽으로 쏠리게 된 이야기가 있어. 옛날 원나라 왕이 가자미로 회를 떠서 반쪽만 먹고 나머지 반을 물에 내던져 버렸대. 그랬더니 그 반쪽이 꿈틀꿈틀 살아나서 가자미가 됐다지. 그래서 눈이 한쪽에만 있는 거래.

참가자미도 어릴 때는 눈이 몸 양쪽에 붙었어. 크면서 두 눈이 한쪽으로 쏠리면서 바닥에 내려가 살아. 물 깊이가 150m 안쪽인 모랫바닥에 살아. 눈이 쏠린 쪽은 바닥 모래 색깔인데 자기 사는 곳에 맞춰 몸 색깔을 이래저래 바꾸지. 모래나 진흙 바닥에 파묻혀 눈만 빠끔 내놓고 있다가 새우나 갯지렁이나 조개나 게 따위를 잡아먹어. 4~6월이 되면 바닷가 얕은 곳으로 올라와서 알을 낳아. 알에서 깨어난 새끼는 한 해가 지나면 10cm, 3년이면 19cm, 4년이면 24cm쯤 커. 9월이 지나 물이 차가워지면 다시 깊은 곳으로 옮겨가서 살아.

사람들은 3~6월에 그물이나 낚시로 잡아. 회로도 먹고 탕을 끓이거나 굽거나 꾸덕꾸덕 말려서 먹어. 동해 바닷가 사람들은 참가자미를 삭혀서 가자미식해를 만들어 먹지.

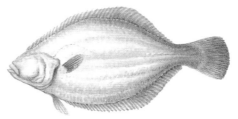

사는 곳 동해, 남해, 서해
분포 우리나라, 일본, 동중국해
먹이 젓새우, 플랑크톤, 물고기, 갯지렁이 따위
몸길이 40cm
특징 앞에서 보면 눈이 오른쪽으로 쏠렸다.

참가자미 눈 없는 쪽
눈 없는 쪽은 하얘. 흔히 눈 달린 쪽을 등, 눈 없는 쪽을 배라고 하지만 잘못 말하는 거야. 등과 배 가장자리를 따라 노란 줄이 꼬리까지 나 있어.

참돔 도미, 참도미, 상사리, 황돔

다 크면 몸길이가 1m가 넘기도 해. 몸은 붉고 파란 점무늬가 숭숭 나 있어. 나이가 들수록 몸빛이 까매져. 몸은 넓적하고 옆으로 납작해. 눈 뒤로 등이 제법 높이 솟았어. 꼬리지느러미는 가위처럼 갈라졌고 끄트머리가 까매.

참돔은 도미 가운데 으뜸으로 쳐 주는 물고기야. 돔 가운데 진짜 도미라고 참돔이지. 빨간 몸빛이 예뻐서 '바다의 여왕'이라고 해. 몸이 딴딴하고 비늘이 가지런히 예쁠 뿐만 아니라 맛도 좋아. '썩어도 돔'이라는 말이 있을 정도야. 오랜 옛날부터 제사상이나 잔칫상에 안 빠지고 올라오는 물고기지. 돔은 도미라는 말이 줄어서 된 말이야.

참돔은 물 깊이가 30~150m쯤 되는 물 바닥이나 가운데쯤에서 헤엄쳐 다녀. 혼자 살거나 무리를 지어 다녀. 바닥에 자갈이 깔리고 바위가 울퉁불퉁 솟은 곳을 좋아하지. 새우나 오징어나 작은 물고기를 잡아먹는데, 이빨이 튼튼해서 껍데기가 딱딱한 게나 성게나 불가사리도 부숴 먹어. 겨울에는 더 깊은 바다로 숨거나 따뜻한 남쪽으로 내려갔다가 봄이 되면 다시 올라와. 초여름부터 얕은 바닷가로 올라와서 짝짓기를 해. 이때는 수컷 몸통이 검게 바뀌지. 해거름 때 서로 몸을 뉘어서 알을 낳고 수정을 해. 이때는 잡아도 맛이 별로래. 알은 그냥 물에 둥둥 떠다니다가 새끼가 깨어나. 한 해가 지나면 14cm, 사오 년 지나면 35~45cm쯤 커. 이삼십 년은 거뜬히 살고 오십 년까지도 산대.

참돔은 그물로도 잡고 낚시로도 잡아. 회를 뜨거나 찜을 쪄 먹거나 굽거나 맑은 탕을 끓여 먹어. 영양가가 높고 소화가 잘 되어서 옛날부터 아기를 낳은 엄마가 몸조리를 하려고 먹었어.

사는 곳 남해, 제주, 서해, 동해
분포 우리나라, 일본, 중국, 대만
먹이 새우, 게, 오징어, 성게,
　　　불가사리, 작은 물고기 따위
몸길이 1m 안팎
특징 온몸이 빨갛고 푸른 점이 나 있다.

새끼 참돔
참돔은 새끼 때랑 다 컸을 때랑 몸 무늬가 달라. 어릴 때는 불그스름한 몸에 붉은 띠무늬가 다섯 줄 나 있어. 크면서 줄무늬가 없어져.

참조기

노랑조기, 누렁조기, 황조기, 곡우살조기, 조기

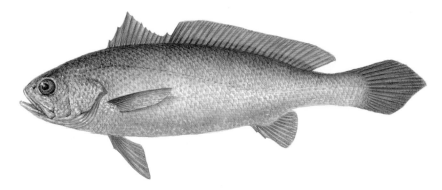

몸길이는 30cm 안팎이야. 몸은 긴 타원형이고
옆으로 납작해. 등은 잿빛이고 배는 황금빛이야.
입술은 붉어. 옆줄이 뚜렷해. 등지느러미는 길고
꼬리지느러미는 둥근 쐐기꼴이야.

조기는 떼로 몰려다니는 물고기야. 물 깊이가 40~160m쯤 되고 바닥에 모래나 펄이 깔린 대륙붕에 많이 살아. 겨울에는 따뜻한 제주도 남쪽 바다로 내려갔다가 날이 따뜻해지는 2월쯤부터 서해안을 따라 올라와. 알을 낳으러 오는 거야. 이때 물속에서 '부욱, 부욱' 개구리 소리를 내며 울어. 암컷과 수컷이 서로 위치를 알리거나 떼를 지어 헤엄칠 때 무리가 흩어지지 않으려고 내는 소리래. 부레를 옴쭉옴쭉 움직여 소리를 내. 우는 소리가 얼마나 큰지 배 위까지 크게 울려 퍼져서 뱃사람들 잠을 설치게 할 정도래. 옛날 사람들은 구멍 뚫린 대나무 통을 바다에 넣어 조기 떼가 몰려오는 소리를 들었대. 2월 말쯤에는 흑산도, 3월 말에서 4월 중순쯤에는 위도, 칠산 앞바다에 올라와 알을 낳기 시작해. 4월 말부터 5월 중순 사이에는 연평도 앞바다, 6월 초에는 압록강 대화도 가까이까지 올라가. 6월 말쯤 발해만에 이르러서 알 낳기를 다 마치고 다시 남쪽으로 내려오지. 바닥에 모래나 펄이 깔린 물 밑바닥에서 지내다가 알 낳는 때에는 물낯 가까이에 떠올라. 물 위로 뛰어오르기도 해. 바닷말을 뜯어 먹거나 새우나 작은 물고기를 잡아 먹으며 8년쯤 살아.

조기(助氣, 朝起)라는 이름은 '기운이 펄펄 솟게 해 준다'는 뜻이야. 머리에 돌처럼 딴딴한 뼈가 있어서 '석수어(石首魚)'라는 한자 이름도 있지. 맛이 좋아서 제사상에도 빠지지 않고 올라가. 조기를 새끼줄에 둘둘 엮어서 꾸덕꾸덕하게 말리면 굴비라고 해. 전라남도 영광에서 말린 굴비가 유명해. 굽거나 찌거나 탕을 끓여 먹어.

사는 곳 서해, 남해, 제주
분포 우리나라, 동중국해
먹이 새우, 게, 작은 물고기, 바닷말 따위
몸길이 30cm 안팎
특징 '부욱, 부욱' 소리 내어 운다.

참홍어 안경홍어(북), 눈가오리, 홍어

몸길이는 1m도 넘게 커. 몸이 납작하고 마름모
꼴이야. 등은 붉은 밤색이고 배는 희거나 잿빛이
야. 어릴 때는 가슴지느러미 가장자리에 동그란
점무늬가 있어. 코는 뾰족해. 눈은 등 위에 있고
입과 코는 배 쪽에 있어. 꼬리가 기다래. 꼬리 위
쪽에 작은 등지느러미가 두 개 있고 자잘한 가시
가 났어. 수컷은 가시가 한 줄 나고 암컷은 다섯
줄 나.

참홍어는 예전에는 '눈가오리'라는 이름이었다가 사람들이 그냥 '홍어'라고 하면서 '참홍어'라는 이름으로 바뀌었어. '홍어'라는 물고기는 따로 있지.

홍어는 물 깊이가 50~100m쯤 되고 바닥에 모래와 펄이 깔린 곳에서 살아. 어릴 때는 서해 바닷가에서 살다가 크면 먼바다로 나가. 몸 양쪽 가슴지느러미가 날개처럼 생겨서 바닷속을 너울너울 날갯짓하듯 헤엄쳐 다녀. 새끼나 다 큰 어른이나 자기보다 큰 물고기나 물체를 따라다니는 버릇이 있대. 가을이 되면 다시 서해 바닷가로 와서 겨울에 짝짓기를 하고 얕은 바다 모래펄 바닥에 알을 낳아. 한 번에 너덧 개씩 여러 번 낳지. 알은 네모나고 모서리에 뾰족한 뿔이 났어. 다른 물고기와 달리 암컷과 수컷이 서로 꼭 껴안고 짝짓기를 해. 그래서 꼭 껴안은 한 쌍을 한꺼번에 잡기도 한대. 알에서 깨어난 새끼는 한 해가 지나면 폭이 12~16cm, 3년이 되면 27cm, 5년이 되면 37cm쯤 커. 다 크면 오징어나 새우, 게, 갯가재 따위를 잡아먹어.

참홍어는 전라도에 있는 흑산도에서 겨울에 많이 잡았어. 낚시로 잡지. 전라도에서 잔칫상에 안 빠지고 꼭 올라오는 물고기야. 빨갛게 무쳐 먹기도 하고 구워도 먹고 탕을 끓여 먹기도 하지. 하지만 삭힌 홍어를 가장 즐겨 먹어. 홍어를 삭히면 톡 쏘는 암모니아 냄새가 나. 입에 넣고 오물거리면 톡 쏘는 맛이 나고 코가 뻥 뚫리지. 돼지고기와 김치와 함께 싸 먹기도 해. 한때 사람들이 너무 많이 잡는 바람에 수가 많이 줄어들었어.

사는 곳 서해
분포 우리나라, 일본, 동중국해,
　　　　오호츠크해, 서부 태평양
먹이 오징어, 새우, 게, 갯가재 따위
몸길이 1m 안팎
특징 삭혀서 먹는다.

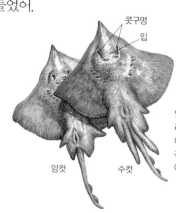

콧구멍
입

암컷　　수컷

암컷이 수컷보다 커. 수컷은 꼬리 양옆에 생식기가 두 개 달렸어. 코와 입은 아래쪽에 있어. 꼭 웃는 모습이야. 눈은 등 위에 있지.

201

청새치 용삼치, 용새치

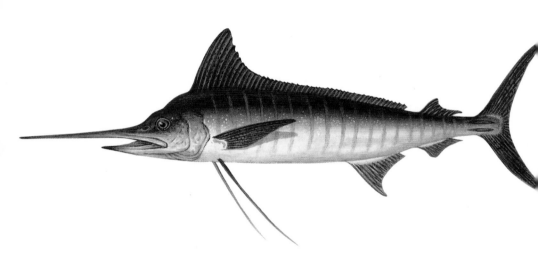

몸이 5m쯤 커. 등은 파랗고 배는 하얘. 몸통에
파란 띠무늬가 10~15개쯤 나 있어. 주둥이는
꼬챙이처럼 뾰족해. 위턱이 아래턱보다 길어. 등
지느러미 앞쪽이 상어처럼 뾰족 솟았어. 등지느
러미는 두 개로 나뉘었는데 앞쪽 등지느러미가
더 길어. 꼬리지느러미 끄트머리는 눈썹달처럼
생겼어.

새치 무리 가운데 등이 파랗다고 청새치야. 먼바다 따뜻한 물에 사는 물고기야. 넓은 바다를 멀리멀리 돌아다니지. 혼자 다니거나 두세 마리 무리를 지어 물낯 가까이 헤엄쳐 다녀. 상어처럼 물 밖으로 뾰족한 등지느러미가 드러나기도 해. 헤엄을 아주 잘 쳐. 바닷물고기 가운데 으뜸으로 헤엄을 잘 치지. 정어리나 고등어나 꽁치처럼 자기보다 작은 물고기를 쫓아가서 잡아먹어. 더 큰 무리를 지어 작은 물고기 떼를 긴 주둥이로 몰아서 잡아먹기도 해. 겁먹은 작은 물고기 떼가 구름처럼 뭉치면 물고기 떼 속으로 뛰어 들어가 꼬챙이 같은 기다란 주둥이를 마구 휘둘러. 그러면 주둥이에 맞아서 기절한 물고기를 잡아먹기도 해. 헤엄치다가 물 밖으로 높이 뛰어오르기도 하고 바닷속 200m까지도 들어가. 가끔 배에 부딪쳐 뾰족한 주둥이로 구멍을 내기도 한대.

청새치는 상어만큼 몸집이 아주 커. 어른 키를 훌쩍 넘게 커. 고기 맛이 좋아서 사람들이 낚시나 작살로 잡아. 낚시에 걸려도 힘이 아주 세서 사람들이 쩔쩔매며 겨우겨우 잡는다지. 새치 무리 가운데 가장 맛이 좋대. 회를 뜨거나 구워 먹어. 하지만 지금은 수가 많이 줄어서 함부로 잡으면 안 돼.

사는 곳 제주
분포 온 세계 열대와 온대 바다
먹이 멸치, 정어리, 고등어, 꽁치, 날치,
　　　전갱이 따위
몸길이 5m
특징 입이 창처럼 뾰족하다.

청새치는 빠르게 헤엄치다가 가끔 물 위로 펄쩍 뛰어올라.

청어

등어, 고심청어, 눈검쟁이, 푸주치, 구구대, 과미기

몸길이는 35cm 안팎이야. 등은 파랗고 배는 하얘. 몸은 길쭉하고 옆으로 납작해. 입은 작고 아래턱이 조금 길게 튀어나왔어. 눈에는 기름눈꺼풀이 있어. 배지느러미와 뒷지느러미 사이에 톱니처럼 생긴 비늘이 있어. 옆줄은 없어. 꼬리지느러미는 가위처럼 갈라졌어.

몸이 파란 물고기라고 이름이 '청어(青魚)'야. 청어는 동해에 많이 살고, 서해에도 살아. 찬물을 따라 떼로 몰려다녀. 서해에 사는 청어는 겨울이 되면 발해만 북쪽 바다에서 남쪽으로 몰려와 겨울을 나. 봄이 되면 다시 북쪽으로 올라가지. 동해에 사는 청어는 깊은 바닷속 차가운 물속에서 흩어져 살아. 작은 물고기나 새우나 게나 물고기 알 따위를 잡아먹어. 정월부터 이른 봄까지 알을 낳으러 얕은 바닷가로 떼로 몰려와. 옛날에는 수억 마리 청어가 바다를 뒤덮을 만큼 몰려오기도 했대. 물 깊이가 15m 안쪽이고 바닷말이 숲을 이루고 바위가 울퉁불퉁 많은 곳에서 북새통을 이루며 알을 낳아. 깜깜한 밤에 암컷이 온몸을 퍼드덕거리며 바닷말이나 바위틈에 끈적끈적한 알을 붙여 낳으면 수컷이 와서 수정을 시켜. 석 달쯤 짝짓기 철이 지나면 다시 떼를 지어 깊은 바다로 가지. 알에서 깨어난 새끼는 한 해가 지나면 12cm, 5년이면 30cm, 10년이면 35cm쯤 자라. 3~5년이 지나면 어른이 돼. 13년쯤 살아.

'진달래꽃 피면 청어 배에 돛 단다'는 말이 있어. 짝짓기를 하러 떼로 몰려올 때 그물로 잡아. 옛날부터 값싸고 맛이 좋아서 가난한 사람을 살찌게 하는 물고기라고 했지. 구워도 먹고 꾸덕꾸덕하게 말려서도 먹어. 꾸덕꾸덕하게 말린 청어를 '과메기'라고 해. 요즘에는 청어가 잘 안 잡혀서 꽁치로 과메기를 만들어.

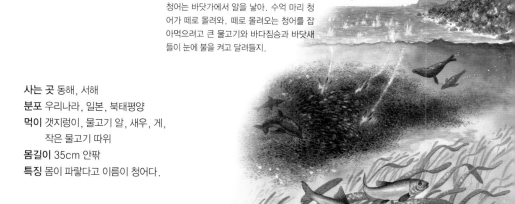

청어는 바닷가에서 알을 낳아. 수억 마리 청어가 떼로 몰려와. 떼로 몰려오는 청어를 잡아먹으려고 큰 물고기와 바다짐승과 바닷새들이 눈에 불을 켜고 달려들지.

사는 곳 동해, 서해
분포 우리나라, 일본, 북태평양
먹이 갯지렁이, 물고기 알, 새우, 게,
      작은 물고기 따위
몸길이 35cm 안팎
특징 몸이 파랗다고 이름이 청어다.

청줄청소놀래기

몸길이는 12cm 안팎이야. 주둥이부터 몸통을 따라 꼬리 끝까지 까만 줄무늬가 한 줄 있어. 몸 앞쪽은 누렇고 뒤쪽은 파르스름해. 몸은 갸름하고 길쭉해. 꼬리지느러미 끝은 둥그스름해.

  청소를 깨끗하게 잘하고 몸에 파란 줄무늬가 있어서 '청줄청소놀래기'야. 청줄청소놀래기는 다른 물고기 몸을 깨끗하게 청소해 줘. 이빨 사이에 낀 찌꺼기나 몸과 아가미에 붙어사는 기생충이나 너덜너덜 해진 살갗도 깨끗하게 먹어 치우지. 사람처럼 가려운 곳을 벅벅 긁거나 양치질을 하면 얼마나 좋아. 하지만 물고기는 사람처럼 손이 없으니까 다른 물고기한테 도움을 받는 거야. 청줄청소놀래기는 자기보다 덩치도 크고 사나운 물고기도 아랑곳하지 않고 청소를 해 줘. 청줄청소놀래기는 한눈에 딱 알아볼 수 있게 몸 색깔이 뚜렷해. 그래야 몸 청소하러 온 큰 물고기가 딱 알아보고 잡아먹지 않지.

  청줄청소놀래기가 바위틈에 있으면 몸 여기저기가 찜찜한 물고기가 와. 그러면 청줄청소놀래기가 냉큼 나가서 청소를 해 줘. 청소 받는 물고기는 입을 떡 벌리고 아가미를 쫙 열고 꼼짝 않고 있어. 그러면 청줄청소놀래기가 입안을 마음대로 돌아다니고 아가미를 쿡쿡 들쑤시며 청소를 하지. 곰치나 상어처럼 사나운 물고기도 청소가 끝날 때까지 꼼짝을 안 해. 몸이 큰 어른 청줄청소놀래기가 입을 청소하고 작은 새끼들이 아가미를 청소해 주기도 해. 한 마리 청소해 주는 데 일 분쯤 걸린대. 청줄청소놀래기 말고도 청소새우나 어린 나비고기나 쥐치 따위도 다른 물고기 몸 청소를 해 줘.

사는 곳 제주
분포 우리나라, 일본, 중부 태평양
먹이 먹다 남은 찌꺼기, 기생충,
  헌 살갗 따위
몸길이 12cm 안팎
특징 다른 물고기를 청소해 준다.

청소하는 모습
덩치 큰 물고기가 다가와서 입을 쩍 벌리고 있으면 청줄청소놀래기가 와서 청소를 해 줘. 청줄청소놀래기는 청소해 주는 대가로 먹이를 먹으니까 좋지. 덩치 큰 물고기는 몸이 깨끗해 지니까 좋고. 이렇게 서로 돕고 사는 사이를 한자말로 '공생 관계'라고 해.

칠성장어 다묵장어

몸길이는 40~50cm쯤 돼. 몸은 원통형이고 뱀처럼 길어. 몸 빛깔은 푸른빛을 띤 밤색이고 배는 허예. 입은 둥근 빨판이야. 아가미구멍이 7쌍 뚫려 있어. 두 번째 등지느러미와 꼬리지느러미 가장자리는 까매. 가슴지느러미와 배지느러미는 없어.

몸에 구멍이 일곱 개 나 있다고 '칠성장어'야. 구멍은 숨을 쉬는 아가미구멍이야. 입은 빨판처럼 동그래. 다른 물고기에 들러붙어서 살을 파먹지.

칠성장어는 바다와 강을 오르락내리락하며 살아. 바다에서는 다른 물고기에 착 달라붙어 피를 빨아 먹으며 커. 죽은 물고기를 말끔히 먹어 치워서 바다 청소부 노릇을 하지. 바다에서 이삼 년쯤 크면 오뉴월에 강을 거슬러 올라가. 알을 낳으러 올라가는 거야. 자갈이 깔린 강바닥을 수컷이 빨판으로 헤쳐 놓으면 암컷이 와서 알을 낳아. 알은 끈적끈적해서 자갈이나 돌에 딱 달라붙어. 알에서 깨어난 새끼는 서너 해쯤 강에서 살다가 15~20cm쯤 자라면 다시 바다로 내려가지. 구시월에 강을 올라와 이듬해까지 지내다가 봄에 알을 낳기도 해. 동해로 흐르는 강에서 볼 수 있어. 사람들이 어쩌다 통발로 잡아 구워 먹기도 하지만 지금은 수가 많이 줄어서 함부로 잡으면 안 돼.

입

사는 곳 동해
분포 우리나라, 일본, 시베리아, 사할린
먹이 죽은 물고기
몸길이 40~50cm
특징 다른 물고기에 들러붙어 살을 파먹는다.

칠성장어와 먹장어는 죽은 물고기를 먹어 치워서 바다 청소부 노릇을 해.

큰가시고기 참채

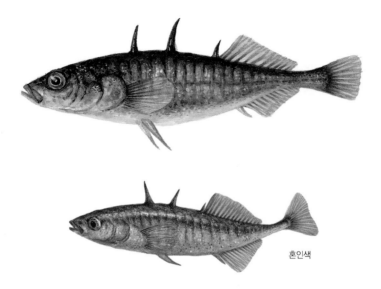

혼인색

몸길이는 10cm 안팎이야. 몸은 풀빛이고 진한 점이 자글자글 나 있어. 배는 하얘. 몸이 길쭉하고 옆으로 납작해. 옆줄은 뚜렷해. 등지느러미 앞에 뾰족한 가시가 세 개 있어. 배지느러미도 가시로 바뀌었어.

등에 큰 가시가 났다고 '큰가시고기'야. 큰가시고기는 집을 짓는 물고기야. 바닷가에 살다가 봄부터 여름 사이에 강을 거슬러 올라와. 수컷은 짝짓기 때가 되면 몸빛이 발그스름하게 바뀌지. 수컷이 새 둥지처럼 생긴 집을 물 바닥에 지어. 물풀을 입으로 물어다가 얼기설기 엮어서 둥실둥실하게 짓지. 그러고는 암컷을 데려와 집 안에 알을 낳게 해. 알을 낳으면 암컷은 떠나고 수컷만 남아서 알을 지켜. 알에서 새끼가 깨어날 때까지 곁을 지키지. 새끼가 깨어나서 둥지를 떠나면 온힘을 다해 알을 지킨 수컷은 시름시름 힘이 빠져 죽는대. 새끼는 플랑크톤이나 작은 새끼 물고기나 새우 따위를 먹으며 커. 한 해가 지나면 다 큰 어른이 되지.

우리나라에는 가시고기, 큰가시고기, 잔가시고기가 살아. 세 물고기 모두 집을 지어. 가시고기와 잔가시고기는 물풀 줄기에 둥지를 트는데, 큰가시고기는 바닥에 집을 짓지. 가시고기와 잔가시고기는 강에서 살고 바다로 잘 내려오지 않아. 동해로 흐르는 강에 살지. 물이 맑고 물풀이 수북하게 자란 강 중류에서 살아. 큰가시고기는 강어귀나 바닷가에서 떼로 몰려다니며 살다가 삼사월 진달래꽃 필 무렵에 강을 거슬러 올라온대.

잔가시고기 *Pungitius kaibarae*
가시고기처럼 강에서 살아. 물이 느릿느릿 흐르고 물풀이 수북이 난 중류쯤에서 살아. 가시고기보다 작아.

가시고기 *Pungitius sinensis*
등에 가시가 났다고 가시고기야. 등에 뾰족한 가시가 아홉 개쯤 나 있어. 큰가시고기보다 조금 작아. 바다로 안 내려오고 강에서 살아.

사는 곳 동해, 동해로 흐르는 강
분포 우리나라, 중국, 일본, 캄차카반도
먹이 플랑크톤, 새끼 물고기, 새우 따위
몸길이 10cm 안팎
특징 새 둥지 같은 집을 짓는다.

파랑돔

몸길이는 7~8cm쯤 돼. 몸빛이 파래. 배지느러
미와 뒷지느러미, 꼬리지느러미는 노래. 몸은 길
쭉한 타원형이고 옆으로 납작해. 꼬리지느러미
끄트머리는 얕게 파였어.

파랑돔은 온몸이 파랗고 배와 배지느러미, 뒷지느러미, 꼬리지느러미는 노래. 온몸이 파랗다고 '파랑돔'이지. 다 커도 어른 손가락만 하지만 바닷속에서 눈에 확 띄어. 따뜻한 물을 좋아해서 제주 바다와 남해에 사는데, 여름에는 따뜻한 물을 따라 울릉도와 독도까지 올라가기도 해. 바닷가 바위 밭이나 산호 밭에서 살아. 몸집이 작아서 바위틈이나 산호 사이에 쏙쏙 잘 들어가 숨어. 한여름에 수컷이 돌 밑에 자리를 잡고 암컷을 데려와 짝짓기를 해. 암컷이 알을 낳으면 수컷이 알을 지킨대. 알에서 깨어난 새끼들은 떼 지어 돌아다녀. 작은 플랑크톤을 먹으며 크지. 우리나라 제주 바다에서 남태평양 열대 바다까지 살아. 사람들이 먹으려고 일부러 잡지는 않아. 몸빛이 예뻐서 수족관에서 많이 길러.

샛별돔 *Dascyllus trimaculatus*
온몸이 까매. 어릴 때는 5~10마리가 무리를 지어 다녀. 말미잘 숲에서 살지. 다 크면 말미잘 숲을 떠나. 눈 위와 등 위쪽에 하얀 점이 있어. 크면서 흐릿해져. 우리나라 제주 바다에서 가끔 볼 수 있어.

사는 곳 제주, 남해, 울릉도, 독도
분포 우리나라, 일본, 서태평양
먹이 플랑크톤
몸길이 7~8cm
특징 온몸이 파랗다.

학공치 공미리(북), 학꽁치

몸길이는 40~50cm쯤 돼. 등은 파랗고 배는 하
얘. 몸은 길쭉해. 아래턱이 길게 자라고 끝이 빨
개. 비늘은 아주 얇고 연해. 등지느러미와 뒷지
느러미가 몸 뒤쪽에서 위아래로 마주 났어. 꼬리
지느러미 끝은 가위처럼 갈라졌어.

아래턱이 학 부리처럼 길게 튀어나왔다고 학공치야. '학꽁치'라고도 해. 정약전이 쓴《자산어보》에는 주둥이가 침처럼 생겼다고 '침어(針魚)'라고 했어. 생김새가 닮아서 흔히들 '꽁치'라고도 하는데 꽁치하고는 전혀 다른 물고기야. 주둥이 생김새만 봐도 전혀 다르지.

학공치는 따뜻한 물을 따라 봄에 떼를 지어 몰려와. 물 깊이가 50m 안팎인 얕고 잔잔한 바닷가나 강어귀 물낯 가까이에서 떼 지어 돌아다녀. 물 위로 뛰어오르기도 하고, 깜짝 놀라면 몸을 반달 모양으로 이리저리 휘면서 물낯을 뛰듯이 도망치지. 사오월에 물이 얕고 바닷말이 수북이 자란 바닷가에서 알을 3,000개쯤 낳아. 알에는 끈끈한 끈이 잔뜩 달려 있어서 바닷말에 척척 감겨. 알에서 깨어난 새끼는 주둥이가 안 뾰족해. 한 달쯤 크면 아래턱이 뾰족하게 나오기 시작해. 한 해가 지나면 20cm, 2년이면 25cm쯤 커. 새끼 때에는 플랑크톤을 먹다가 크면 물에 둥둥 떠다니는 작은 동물들을 잡아먹어. 날씨가 추워지면 남쪽 바다로 내려가. 두 해쯤 크면 어른이 돼. 학공치는 알을 낳으러 올 때 낚시나 그물로 잡아. 회를 뜨거나 굽거나 조려 먹어.

사는 곳 남해, 서해, 동해, 제주
분포 우리나라, 일본, 대만, 중국, 러시아
먹이 떠다니는 작은 동물, 플랑크톤
몸길이 40~50cm
특징 아래턱이 침처럼 뾰족하게 길고 끝이 붉다.

해마 뿔바다말(북)

몸길이는 10cm 안팎이야. 몸빛은 밤색인데 사는 곳에 따라 달라져. 몸에 비늘이 없고 딱딱한 판으로 덮여 있어. 주둥이가 길쭉하고 입은 작아. 이빨은 없어. 머리 위로 돌기가 삐죽 솟았어. 등지느러미가 조금 크고 뒷지느러미는 아주 작아. 배지느러미와 꼬리지느러미는 없어.

해마는 아무리 봐도 물고기처럼 안 생겼어. 머리는 말처럼 생겼고 꼬리는 원숭이 꼬리처럼 길고 동그랗게 말리지. '바다에 사는 말'이란 뜻으로 이런 이름이 붙었어. 몸에는 비늘이 없고 단단한 널빤지를 여러 장 붙여 갑옷을 입은 것처럼 보여. 꼬리를 바닷말에 감고 몸을 꼿꼿이 세우고 물살에 흔들흔들 움직이며 붙어 있지. 입 앞을 지나가는 작은 플랑크톤을 긴 주둥이로 쪽 빨아서 먹어. 헤엄을 칠 때도 몸을 안 누이고 꼿꼿이 선 채로 꼬리를 말고 등지느러미와 가슴지느러미를 살랑살랑 흔들어 헤엄쳐.

해마는 한여름에 서로 꼬리를 감아 꼭 껴안듯이 짝짓기를 해. 짝짓기 때가 되면 몸빛이 잿빛으로 바뀌지. 수컷이 배주머니를 불룩하게 부풀리면 암컷이 그 안에다 알을 200개쯤 낳아. 수컷 배주머니는 알을 담아 두는 주머니 같은 거야. 알이 깨어날 때까지 한 달쯤 주머니에 넣고 다녀. 새끼가 깨어나면 수컷 배에서 나와. 그래서 꼭 수컷이 새끼를 낳는 것 같지. 두세 달이면 다 크고 두 해쯤 살아.

해마는 잡아서 약으로 많이 써. 약으로 쓰려고 마구 잡는 바람에 지금은 드물게 볼 수 있어. 사람들이 보려고 일부러 키우기도 하지.

사는 곳 남해, 서해, 동해, 제주
분포 우리나라, 일본
먹이 작은 플랑크톤
몸길이 10cm 안팎
특징 수컷이 배주머니에서 새끼를 키운다.

수컷 배주머니
해마 수컷은 배주머니가 있어. 새끼가 깨어날 때까지 배주머니에 알을 넣은 채로 다녀. 새끼가 깨어나면 배주머니에서 나오지.

흑돔 엥이, 웽이, 흑도미

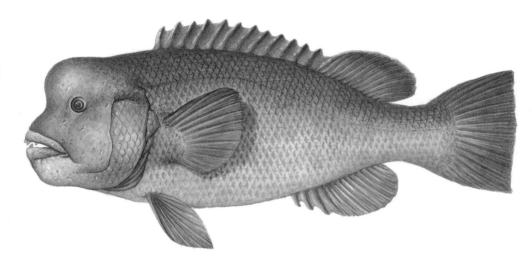

다 크면 몸길이가 1m쯤 돼. 몸빛은 빨개. 몸은 긴 타원형이고 옆으로 납작해. 수컷은 이마에 혹이 나고, 암컷은 없어. 주둥이는 앞으로 튀어나왔어. 큰 송곳니가 듬성듬성 나 있어.

머리에 사과만 한 혹이 난다고 '혹돔'이야. 혹돔은 이름에 돔이 들어가지만 사실 돔 무리가 아니고 놀래기 무리에 끼는 물고기야. 몸집이 크고 생김새가 돔을 닮았다고 '돔'이란 이름이 붙은 거래.

혹돔은 따뜻한 물을 좋아해. 남해나 제주 바다에도 살지만, 동해 독도에도 큰 혹돔이 많아. 물 깊이가 20~30m쯤 되는 바위 밭에서 살아. 멀리 안 돌아다니고 바위틈이나 굴을 제집 삼아 살지. 무리를 안 짓고 홀로 살거나 짝이랑 함께 살아. 낮에 나와서 어슬렁거리며 먹이를 찾아. 혹돔은 턱 힘이 세고 이빨이 아주 굵고 강하거든. 껍데기가 딱딱한 소라나 고둥이나 전복이나 가시가 삐쭉빼쭉 난 성게도 아무렇지 않게 이빨로 아드득 깨서 속살을 빼 먹어. 밤에는 굴로 돌아와 쉬지. 봄에 힘이 센 수컷이 다른 수컷을 제치고 암컷과 짝짓기를 해. 물낯 가까이 춤을 추듯 떠올라 알을 낳지.

혹돔은 여름과 가을철에 낚시질로 잡아. 힘이 워낙 세기 때문에 낚싯줄도 뚝뚝 끊기고 잘못하다간 몸이 휘청거릴 정도야. 조심해야 돼. 잡아서 회를 뜨거나 매운탕을 끓여 먹어.

굴에서 쉬는 혹돔
혹돔은 자기가 쉴 수 있는 굴이나 숨을 곳을 마련해. 짝을 데려와 함께 살기도 하지. 낮에 먹이를 찾다가 밤이 되면 굴로 돌아와 쉬어.

사는 곳 남해, 제주, 동해 울릉도와 독도
분포 우리나라, 일본, 중국, 동중국해
먹이 전복, 소라, 새우, 게 따위
몸길이 1m
특징 머리에 사과만 한 혹이 난다.

홍어

간쟁이(북), 간재미, 고동무치, 물개미, 나무가부리

몸길이는 40~50cm쯤 돼. 몸이 위아래로 납작하고 마름모꼴이야. 몸빛은 검은 밤색이고 자그마한 점무늬가 흐드러졌어. 가슴지느러미 양쪽에 큼지막한 까맣고 둥근 점무늬가 있어. 주둥이가 참홍어보다 짧고 조금 뾰족해. 꼬리는 가늘게 길고 꼬리 가운데로 날카로운 가시가 수컷은 한 줄, 암컷은 세 줄 나 있어. 독가시가 없어.

몸빛이 붉다고 이름이 '홍어(紅魚)'야. 몸이 넓적하다고 '홍어(洪魚)'이기도 하지. 사람들은 흔히 '간재미'라고 해. 참홍어와는 다른 물고기야. 생김새는 참홍어와 닮았지만 몸이 훨씬 작아. 몸통에 둥근 반점이 마주 나 있어. 정약전이 쓴 《자산어보》에는 몸이 몹시 야위고 얇은 가오리라고 '수분(瘦鱝)'이라고 쓰고 사람들은 '간잠어'라고 한다고 써 놓았어.

홍어는 물 깊이가 20~80m쯤 되는 얕은 바다 바닥에 살아. 홍어 무리 가운데 가장 흔하게 볼 수 있어. 날씨가 추워지면 제주도 서쪽 바다로 내려가 지내다가 봄이 되면 다시 올라와. 가을에서 이듬해 봄까지 짝짓기를 하고 알을 네댓 개 낳아. 암컷과 수컷이 배를 딱 맞붙이고 꼬리를 서로 칭칭 감고 짝짓기를 해. 홍어 알은 네모나고 딴딴한 껍질로 싸여 있어. 네모난 모서리에는 기다란 실이 있어서 바닷말에 척척 감겨 붙어. 알에서 깨어난 새끼는 한 해가 지나면 12~16cm, 4년이면 33cm, 5년이면 37cm쯤 커. 오징어, 새우, 게, 갯가재 따위를 잡아먹고 물고기는 거의 안 잡아먹지. 5~6년쯤 살아.

홍어는 그물로 많이 잡아. 참홍어처럼 삭혀서 안 먹고 회로 썰어 빨갛게 무쳐 먹지. 탕을 끓이거나 굽거나 쪄 먹기도 해.

사는 곳 서해, 동해, 남해, 제주
분포 우리나라, 동중국해, 일본
먹이 오징어, 새우, 게, 갯가재 따위
몸길이 40~50cm
특징 사람들은 흔히 '간재미'라고 한다.

황복
황복아지(북), 누렁태, 누룽태

몸길이는 45cm쯤 돼. 몸통 가운데로 노란 띠무
늬가 있어. 그 위쪽은 잿빛 밤색이고 아래쪽 배는
하얗지. 가슴지느러미 뒤쪽과 등지느러미 아래에
는 까만 점무늬가 있어. 몸에는 비늘이 없고 등과
배에는 작은 가시들이 나 있어 까슬까슬해.

복 무리 가운데 몸이 노랗다고 '황복(黃鰒)'이야. 몸이 돼지처럼 통통하고 돼지 소리를 내며 운다고 '하돈(河豚)'이라는 한자 이름도 있어. 황복은 바다와 강을 오가며 사는 물고기야. 진달래꽃이 필 때쯤이면 강 위쪽까지 올라와 알을 낳아. 바닥에 모래와 자갈이 깔리고 물이 느릿느릿 흐르는 곳에 알을 낳지. 알은 조금 끈적끈적해서 모래나 자갈에 붙어. 알 낳을 때가 되면 이빨을 갈아서 '국국 국국' 하고 돼지 소리처럼 울어. 이 소리가 나면 다른 물고기들은 죄다 싹 도망간다고 해. 알에서 깨어난 새끼는 두 달쯤 강에서 살다가 바다로 내려가지. 바다에서 삼 년쯤 살다가 다시 강으로 올라와. 황복은 물고기나 새우 따위를 잡아먹는데, 이빨이 튼튼해서 참게도 썩둑썩둑 잘라 먹는대. 먹성이 좋아서 앞에 얼쩡거리는 것은 무엇이든 덥석덥석 문다지. 화가 나거나 누가 건드리면 배를 뽈록하게 부풀려서 몸이 풍선처럼 동그래져.

황복은 알과 간과 창자와 피 속에 독이 있어. 그냥 먹었다간 큰일 나. 함부로 먹지 말고 꼭 전문 요리사가 해 주는 요리를 먹어야 해. 회로도 먹고 매운탕을 끓이거나 튀겨 먹어. 고기 맛이 아주 좋아서 옛날부터 사람들이 즐겨 먹었어. 임진강, 한강, 만경강처럼 서해로 흐르는 강에서만 만날 수 있어. 임진강에서 많이 잡아.

사는 곳 서해
분포 우리나라, 중국
먹이 작은 물고기, 새우, 참게 따위
몸길이 45cm 안팎
특징 몸에 독이 있다.

황복은 넓적한 이빨이 두 개씩 위아래로 났어. 꼭 토끼 이빨 같지. 이빨이 튼튼해서 딱딱한 참게도 썩둑썩둑 잘라 먹는대.

황어

황어, 울진황어, 밀황어, 황사리, 밀하

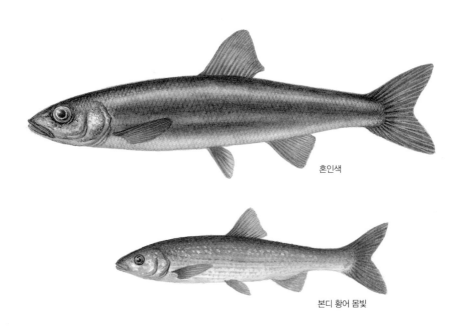

혼인색

본디 황어 몸빛

다 크면 몸길이가 40~50cm쯤 돼. 몸빛은 푸르
스름하다가 짝짓기 철이 되면 누런 밤색으로 바
뀌어. 몸은 길쭉하고 옆으로 조금 납작해. 등지
느러미와 뒷지느러미가 짤막해.

몸이 누렇다고 '황어(黃魚)'야. 황어도 연어처럼 강에서 깨어나 바다로 내려가 사는 물고기야. 하지만 연어처럼 멀리 돌아다니지 않고 강어귀나 가까운 바닷가에서 살아. 황어는 잉어랑 닮은 물고기야. 잉어 무리에 끼는 물고기 가운데 오직 황어만 바다로 내려가 살게 되었대.

강에서 깨어난 새끼는 물벌레나 그 알을 먹으며 커. 4~6cm쯤 크면 바다로 내려가. 가까운 바다에서 살면서 플랑크톤이나 작은 물고기 따위를 잡아먹지. 어른 팔뚝만큼 크면 다 큰 어른이야. 어른이 되면 진달래꽃 피는 봄에 떼를 지어 모래와 자갈이 깔린 강줄기 윗물까지 거슬러 올라와. 알 낳을 때가 되면 몸빛이 누렇게 바뀌고 몸 옆으로 검은 띠가 가로로 쭉 나타나. 머리에는 작은 혹들이 오돌토돌 나지. 알 낳기 좋은 곳을 골라 온몸을 푸덕이며 바닥을 움푹 파고는 거기다 알을 낳지. 알은 찐득찐득해서 돌에 딱 달라붙어. 연어처럼 알을 낳은 어미는 힘이 빠져 모두 죽는대.

황어는 알 낳으러 올라오는 봄에 그물로 잡거나, 한겨울에 배를 타고 나가 낚시로 잡아. 회를 뜨거나 매운탕을 끓여 먹어.

강을 거스르는 황어 떼
황어는 진달래꽃 피는 봄에 알을 낳으러 강을 거슬러 올라가.

사는 곳 동해, 남해
분포 우리나라, 일본, 사할린
먹이 물벌레, 플랑크톤, 작은 물고기 따위
몸길이 40~50cm
특징 알을 낳으러 강을 거슬러 올라간다.

225

흰동가리

몸길이는 5~7cm쯤 돼. 15cm까지 크기도 하지. 몸빛은 불그스름하고, 하얀 띠가 눈 뒤와 몸통과 꼬리 자루에 세로로 석 줄 나 있어. 몸은 타원꼴이고 옆으로 납작해. 사는 곳에 따라 몸빛이 달라.

여러 빛깔 흰동가리

흰동가리는 말미잘과 함께 살아. 다른 물고기들은 말미잘이랑 함께 못 살지. 말미잘 수염에 독이 있거든. 그런데 흰동가리는 말미잘 독에도 끄떡없어. 어릴 때 면역이 생겨서 독이 안 듣는 거래. 말미잘 속에 숨어 있으면 덩치 큰 물고기들이 어쩌지 못해. 흰동가리는 말미잘 속에 숨어 사는 대신 찌꺼기를 깨끗하게 치워 주고, 다른 물고기를 꾀어 와서 말미잘이 잡아먹게 해 줘. 서로 돕고 사는 거야. 여름에는 짝짓기를 하고 말미잘이 붙은 바위에 알을 낳아 붙여. 알은 어미가 지키지. 몸은 쪼그매도 알을 낳은 곳으로 다른 물고기나 잠수부가 가까이 오면 사납게 달려들어. 사람 손을 물어뜯기도 한대. 말미잘에 커다란 암컷 한 마리와 그보다 작은 수컷 한 마리, 그리고 새끼 두세 마리가 무리를 지어 함께 살아. 암컷이 죽으면 수컷 몸이 바뀌어서 암컷이 된대. 13년쯤 살아. 흰동가리는 몸빛이 예뻐서 사람들이 수족관에 넣어서 길러.

사는 곳 제주
분포 우리나라, 일본, 말레이시아, 호주, 대만, 인도양, 태평양
먹이 떠다니는 작은 새우, 바닷말 따위
몸길이 5~7cm
특징 말미잘과 서로 도우며 함께 산다.

말미잘과 함께 사는 흰동가리
흰동가리는 말미잘과 함께 살지. 말미잘은 흰동가리를 지켜 주고, 흰동가리는 말미잘을 깨끗하게 청소해 주며 살아.

바닷물고기 개론

몸 생김새

　몸이 납작한 물고기와 둥그스름한 물고기, 길쭉한 물고기와 뚱뚱한 물고기. 물고기는 저마다 생김새가 달라. 물고기 생김새를 보면 어디에 사는지, 무엇을 먹는지, 어떻게 헤엄치는지 따위를 헤아려 볼 수 있어.

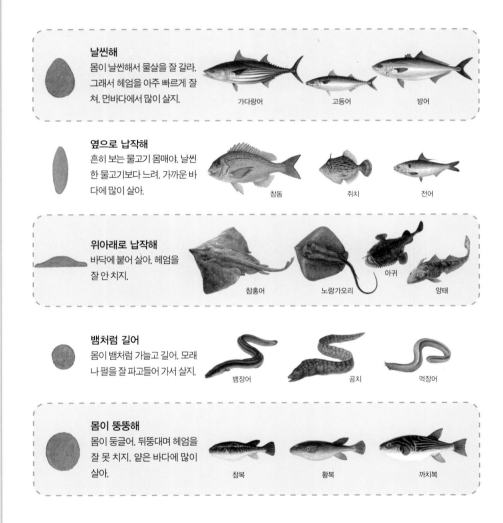

날씬해
몸이 날씬해서 물살을 잘 갈라. 그래서 헤엄을 아주 빠르게 잘 쳐. 먼바다에서 많이 살지.

가다랑어　　고등어　　방어

옆으로 납작해
흔히 보는 물고기 몸매야. 날씬한 물고기보다 느려. 가까운 바다에 많이 살아.

참돔　　쥐치　　전어

위아래로 납작해
바닥에 붙어 살아. 헤엄을 잘 안 치지.

참홍어　　노랑가오리　　아귀　　양태

뱀처럼 길어
몸이 뱀처럼 가늘고 길어. 모래나 펄을 잘 파고들어 가서 살지.

뱀장어　　곰치　　먹장어

몸이 뚱뚱해
몸이 둥글어. 뒤뚱대며 헤엄을 잘 못 치지. 얕은 바다에 많이 살아.

참복　　황복　　까치복

몸 구석구석 이름

　사람마다 얼굴이나 몸 생김새가 저마다 다르지. 물고기도 저마다 생김새가 달라. 하지만 눈, 코, 입, 손, 발처럼 사람 몸 여기저기에 이름이 있는 것처럼, 물고기 몸도 요기조기에 이름이 있어. 사람마다 생김새는 달라도 몸 여기저기 이름이 같은 것처럼, 물고기도 마찬가지야.

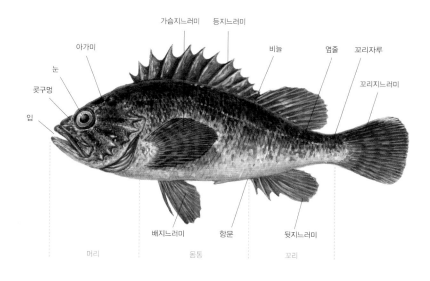

가슴지느러미　등지느러미　비늘　옆줄　꼬리자루
아가미　꼬리지느러미
눈
콧구멍
입
배지느러미　항문　뒷지느러미
머리　몸통　꼬리

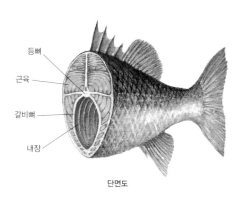

등뼈
근육
갈비뼈
내장

단면도

눈

　물고기는 눈이 한 쌍 있어. 사람은 눈을 깜박깜박
하잖아. 하지만 물고기는 눈을 감을 줄 몰라. 잠을 자
도 눈 뜨고 자지. 눈물도 안 흘려. 숭어나 정어리 같
은 물고기는 눈꺼풀 대신 얇고 투명한 꺼풀이 덮여
있기도 해. 대부분 물고기는 몸 양쪽에 눈이 붙어 있
지. 하지만 넙치나 도다리 같이 바닥에 붙어 사는 물
고기는 눈이 몸 한쪽으로 쏠리기도 해. 먹장어는 눈
이 살갗 아래 묻혀 있어 앞을 못 보지.

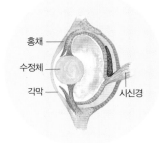

홍채 ──
수정체 ──
각막 ──
　　　 └── 시신경

전기가오리와 홍어
눈에 무늬가 있는 덮개가 있어. 눈을
보호해.

참돔
많은 물고기가 참돔 눈처럼 생겼어.
눈 가운데가 볼록하게 튀어나왔지.

먹장어
눈이 없어서 앞을 못 봐. 낮인지 밤인
지만 알아.

정어리
눈에 투명한 기름눈꺼풀이 있어. 숭
어나 고등어나 전갱이도 기름눈꺼풀
이 있어.

별상어
눈꺼풀 같은 막이 있어. 눈이 부실 때
눈꺼풀처럼 눈 아래쪽이나 전체를 덮
어.

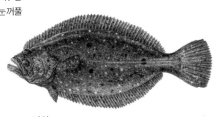

넙치
눈이 몸 한쪽으로 쏠렸어. 어릴 때는
여느 물고기처럼 몸 양쪽에 눈이 있
어.

콧구멍

물고기는 사람처럼 코가 우뚝 안 솟고 그냥 구멍만 뽕 뚫렸어. 콧구멍이 두 개 있기도 하고, 하나 있기도 하고, 네 개 있기도 하지. 사람은 코로 숨도 쉬지만 물고기는 숨을 안 쉬어. 콧구멍이 입과 안 이어지거든. 그냥 주머니처럼 옴폭 파였을 뿐이야. 물속에서 냄새를 맡아. 아주 멀리서 나는 냄새도 잘 맡아.

물 흐름

냄새 맡는 세포

냄새를 전하는 신경

참조기
사람처럼 콧구멍이 두 개 있어.

칠성장어
눈 앞에 콧구멍이 하나 있어.

농어
머리 왼쪽, 오른쪽에 콧구멍이 두 개씩
모두 네 개 있어.

까치상어와 홍어
배 쪽에 콧구멍이 두 개 있어.

날치
입 위쪽에 콧구멍이 하나 있어.

입

물고기는 손발이 없어. 모든 먹이는 입으로 잡아먹어. 그래서 주둥이는 먹이를 잘 잡아먹을 수 있게 생겼지. 물고기마다 주둥이 생김새를 보면 어떻게 먹이를 잡아먹는지 헤아려 볼 수 있어.

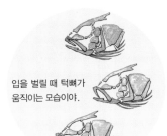

입을 벌릴 때 턱뼈가 움직이는 모습이야.

나비고기
주둥이가 톡 튀어나왔어. 좁은 틈에 사는 먹이도 잘 잡아.

준치
주둥이가 앞으로 쭉 길게 뻗어 나와. 작은 먹이를 잡을 때 쏜살같이 내밀지.

어름돔

동갈돗돔
입술이 두툼해서 꼭 사람 입처럼 생겼어. 바닥에 사는 먹이를 잡아먹어.

칠성장어
입이 빨판처럼 동그래. 남 몸에 입을 딱 붙이지.

학공치
입이 꼬챙이처럼 길어. 긴 부리로 먹잇감을 몰아.

돛새치

아귀
바닥에 딱 붙어 먹이를 잡기 때문에 입이 위쪽으로 열려 있어.

성대

노랑가오리
입이 아래에 있어.

상어

이빨

많은 물고기들은 아래위로 이빨이 나 있어. 상어처럼 뾰족하기도 하고, 혹돔이나 황복처럼 앞니가 튼튼하기도 해. 한 줄로 나 있기도 하고, 여러 겹으로 겹겹이 나기도 하지. 해마처럼 이빨이 없는 물고기도 있어. 사람처럼 먹이를 잘근잘근 씹기보다 먹이를 물거나 단단한 먹이를 부술 때 써.

위턱니
입천장니
목니

혓바닥니   아래턱니

상어

이빨이 송곳처럼 날카로워.
먹이를 썩둑썩둑 자르지.

갈치

감성돔
튼튼한 송곳니랑 어금니가 여러 겹으로 겹쳐 나. 아무거나 씹어 먹어.

칠성장어
먹이 몸에 찰싹 달라붙어 이빨을 박고
피를 빨아 먹어.

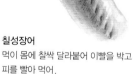

해마
이빨이 없어. 작은 플랑크톤이나 먹
이를 호록호록 빨아 먹지.

황복
튼튼한 앞니로 딱딱한 게나 새우를 부
숴 먹어.

아가미

사람은 입과 코로 숨을 쉬지. 물고기는 아가미로 숨을 쉬어. 입으로 물을 들이켜고 아가미로 뱉어 내. 아가미에는 가느다란 털이 빗자루처럼 촘촘하게 나 있어. 이 털이 물속에 녹아 있는 산소를 빨아들여 숨을 쉬는 거야. 안쪽으로 듬성듬성 난 돌기는 플랑크톤처럼 작은 먹이를 걸러 내. 아가미에는 뚜껑이 있어서 숨을 쉴 때마다 뻐끔거려.

새파 새궁 새엽

새파 작은 먹이를 걸러 먹어.
새궁 새파와 새엽이 붙어 있는 말랑말랑한 뼈야. 우리말로 '아가미활'이라고 해.
새엽 물속에 녹아 있는 산소를 빨아들여.

동갈돗돔
대부분 물고기는 아가미가 몸 양옆에 붙어 있어.

칠성장어
아가미구멍이 몸 옆으로 뚫려 있어.

짱뚱어
물속에서는 아가미로 숨 쉬고 물 밖에서는 살갗으로 숨을 쉬어. 그래서 물 밖을 돌아다닐 수 있지.

백상아리
아가미뚜껑이 없어. 아가미가 세로로 네댓 줄 쭉 나 있어.

쥐가오리
아가미가 밑에 있어.

비늘과 살갗

　물고기 살갗은 비늘로 덮여 있어. 여러 비늘이 기왓장처럼 맞물려 붙어 있지. 비늘은 한 번 떨어져도 다시 나. 또 비늘에는 나이 먹을수록 나이테가 생겨. 계절에 따라 자라는 속도가 달라서 생기는 거야. 나이테를 세어 보면 물고기가 몇 살인지 알 수 있지. 비늘은 둥글거나 빗처럼 생겼거나 방패처럼 생겼어. 가시복처럼 비늘이 바늘처럼 바뀐 것도 있고, 뱀장어처럼 아예 비늘이 퇴화해서 살에 파묻혀 살갗이 미끈거리는 물고기도 있어.

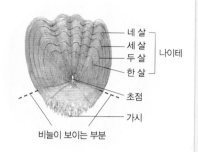

네 살
세 살
두 살
한 살
} 나이테

초점

가시

비늘이 보이는 부분

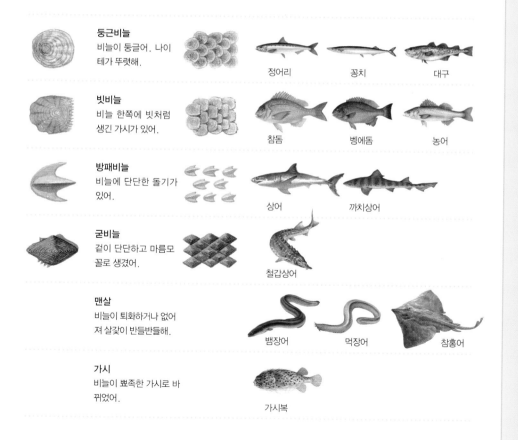

둥근비늘
비늘이 둥글어. 나이테가 뚜렷해.

정어리　　　꽁치　　　대구

빗비늘
비늘 한쪽에 빗처럼 생긴 가시가 있어.

참돔　　　벵에돔　　　농어

방패비늘
비늘에 단단한 돌기가 있어.

상어　　　까치상어

굳비늘
겉이 단단하고 마름모꼴로 생겼어.

철갑상어

맨살
비늘이 퇴화하거나 없어져 살갗이 반들반들해.

뱀장어　　　먹장어　　　참홍어

가시
비늘이 뾰족한 가시로 바뀌었어.

가시복

옆줄

물고기 몸통 옆으로 줄이 나 있어. 아가미뚜껑 뒤부터 꼬리자루까지 나 있지. 이 줄을 옆줄이라고 해. 옆줄에는 눈에 보일 듯 말 듯한 작은 구멍이 나 있어. 이 구멍으로 물이 얼마나 깊은지 얕은지 알아. 물살이 얼마나 빠른지 느린지도 알지.

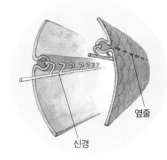

신경   옆줄

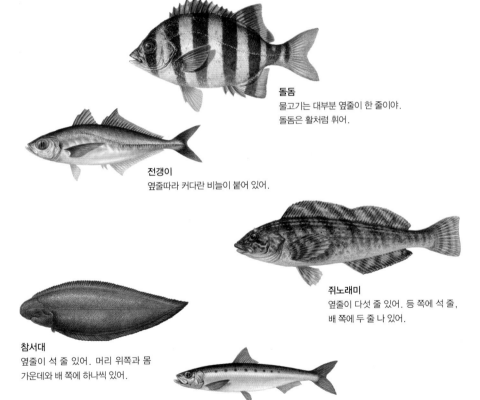

돌돔
물고기는 대부분 옆줄이 한 줄이야.
돌돔은 활처럼 휘어.

전갱이
옆줄따라 커다란 비늘이 붙어 있어.

쥐노래미
옆줄이 다섯 줄 있어. 등 쪽에 석 줄,
배 쪽에 두 줄 나 있어.

참서대
옆줄이 석 줄 있어. 머리 위쪽과 몸
가운데와 배 쪽에 하나씩 있어.

정어리
정어리처럼 옆줄이 없는 물고기도 있어.

부레

물고기 몸속에 있는 공기주머니를 부레라고 해. 공기를 넣었다 뺐다 하면 풍선처럼 부풀었다 쪼그라들었다 해. 부레에 공기를 넣으면 물 위로 뜨고, 공기를 빼면 아래로 가라앉지. 물고기들은 부레가 있어서 지느러미를 안 움직여도 물속에서 가만히 떠 있을 수 있어. 넙치나 노래미처럼 바다 밑바닥에 사는 물고기는 크면서 부레가 없어져.

물 위로 뜰 때는 공기주머니를 풍선처럼 부풀려. 아래로 가라앉을 때는 공기주머니에서 공기를 빼.

정어리
식도와 부레가 이어져 있어. 공기가 가느다란 관을 따라 부레로 들어가.

참돔
목구멍이랑 부레가 안 이어져 있어. 부레에 붙어 있는 가스샘에서 공기를 넣어주지.

백상아리
부레가 없어서 가만히 있으면 가라앉아. 그래서 쉴 새 없이 헤엄쳐 다녀.

참가자미
밑바닥에 붙어 살면서 부레가 쓸모없어지니까 크면서 없어져.

지느러미

　물고기 몸 여기저기에는 지느러미가 있어. 사람 손발처럼 쓰면서 헤엄도 치고 균형도 잡지. 등을 따라 등지느러미가 있고, 가슴에는 가슴지느러미가 한 쌍, 배에는 배지느러미가 한 쌍, 꼬리 가까운 배 밑에 뒷지느러미가 있어. 지느러미에는 딱딱한 가시와 부드러운 줄기가 있고 얇은 막으로 서로 이어져 있어.

등지느러미 몸
균형을 잡아 줘.

가슴지느러미
헤엄치다가 방향을
바꿔 줘.

뒷지느러미 헤엄칠 때
균형을 잡아 줘.

꼬리지느러미 헤엄을
빨리 칠 수 있게 해 줘.

배지느러미 균형을 잡
고 몸을 앞으로
나아가게 해.

짱뚱어
가슴지느러미를 손처럼 써서 땅을 기
어 다녀.

쥐치
맨 앞쪽 등지느러미가 가시처럼 바
뀌었어. 누였다 세웠다 해.

아귀
등지느러미 가시 하나가 실처럼 바뀌
었어. 살랑살랑 흔들어서 작은 물고
기를 꾀지.

명태
등지느러미가 쭉 안 이어지고 세 개로
나뉘었어. 숭어 같은 물고기는 두 개
로 나뉘었지.

참다랑어
등지느러미와 꼬리지느러미 사이에
작은 토막지느러미가 도돌도돌 나 있
어. 고등어나 꽁치 같은 물고기도 토
막지느러미가 있어.

연어
연어나 송어 같은 물고기는 등지느러
미와 꼬리지느러미 사이에 작은 기름
지느러미가 있어.

상어
등지느러미가 뾰족하게 우뚝 솟았어.
지느러미를 접었다 폈다 할 수 없어.

꼬리

물고기는 꼬리를 양옆으로 힘껏 저어서 앞으로 나아가. 꼬리를 힘껏 저으려고 온몸을 함께 퍼덕이지. 넓적한 꼬리지느러미 때문에 헤엄을 빨리 칠 수 있어. 꼬리지느러미 끄트머리는 눈썹달처럼 생기기도 하고, 가위처럼 갈라지기도 하고, 자른 듯 반듯하거나 둥그스름하기도 해. 홍어나 노랑가오리는 꼬리지느러미가 채찍처럼 길지.

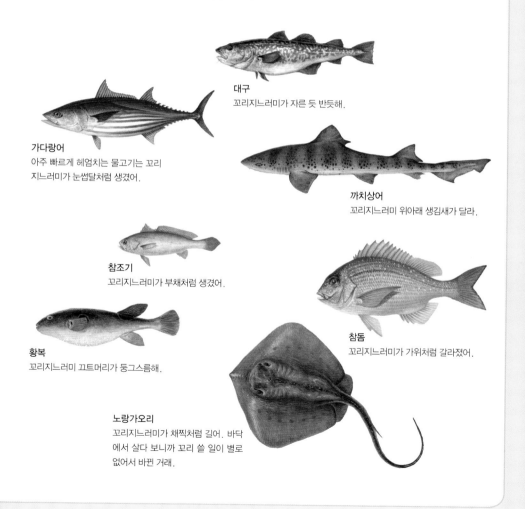

대구
꼬리지느러미가 자른 듯 반듯해.

가다랑어
아주 빠르게 헤엄치는 물고기는 꼬리지느러미가 눈썹달처럼 생겼어.

까치상어
꼬리지느러미 위아래 생김새가 달라.

참조기
꼬리지느러미가 부채처럼 생겼어.

황복
꼬리지느러미 끄트머리가 둥그스름해.

참돔
꼬리지느러미가 가위처럼 갈라졌어.

노랑가오리
꼬리지느러미가 채찍처럼 길어. 바닥에서 살다 보니까 꼬리 쓸 일이 별로 없어서 바뀐 거래.

몸빛

물고기는 자기가 사는 환경에 따라 몸빛이 달라.

보호색

작은 물고기는 큰 물고기에게 안 잡아먹히려고 눈에 안 띄는 몸빛을 가지고 있지. '보호색'이라고 해. 거꾸로 어떤 물고기는 다른 물고기를 잡아먹으려고 눈에 안 띄는 몸빛을 가지고 있지. 이곳저곳 돌아다니며 둘레 색깔로 몸빛을 자꾸자꾸 바꾸는 물고기도 있어.

물낯 가까이 헤엄치는 물고기는 등이 파르스름하고 배가 하얘. 물 위에서 보면 바다 빛깔처럼 보이고, 물 밑에서 올려다보면 반짝거리는 햇빛처럼 보이지.

정어리

멸치

고등어

참가자미

넙치

가자미나 넙치는 모랫바닥에 몸을 숨기고 있어. 모래 색깔이랑 똑같아서 작은 물고기가 눈치를 못 채.

쥐노래미
쥐노래미는 얕은 바다에 살아. 자기 사는 둘레에 따라 몸빛을 밤색, 붉은 밤색, 잿빛 밤색으로 바꿔.

뱅어
몸이 물처럼 투명해서 있는 듯 없는 듯 잘 안 보여.

경고색

어떤 물고기는 자기를 건드리면 혼쭐날 거라며 도리어 눈에 띄는 화려한 몸빛을 띠기도 해. '경고색'이라고 하지. 커다란 무늬로 겁을 주는 물고기도 있어.

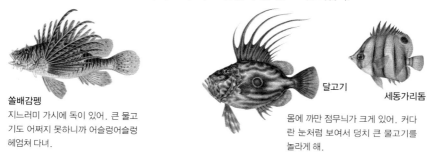

쏠배감펭
지느러미 가시에 독이 있어. 큰 물고기도 어쩌지 못하니까 어슬렁어슬렁 헤엄쳐 다녀.

달고기

세동가리돔

몸에 까만 점무늬가 크게 있어. 커다란 눈처럼 보여서 덩치 큰 물고기를 놀라게 해.

혼인색

짝짓기를 할 때가 되면 몸빛이 달라지는 물고기도 있어. '혼인색'이라고 해. 암컷과 수컷 몸빛이 다른 물고기도 있고, 어릴 때랑 다 컸을 때랑 몸빛과 무늬가 달라지는 물고기도 있어.

수컷

혼인색

암컷

연어
짝짓기 때가 되면 몸빛이 울긋불긋하게 바뀌어.

혼인색

큰가시고기
수컷은 짝짓기 때가 되면 몸빛이 달라져.

용치놀래기
수컷과 암컷 몸빛이 달라. 모르고 보면 딴 물고기인 줄 알아.

흉내 내기

다른 물고기 몸빛을 흉내 내는 물고기도 있어. 한자말로 '의태'라고 해. 힘센 물고기나 독 있는 물고기나 다른 물고기를 도와주는 물고기 몸빛을 흉내 내.

청줄청소놀래기와 가짜청소베도라치
청줄청소놀래기는 큰 물고기 몸을 청소해 줘. 아무리 사납고 덩치 큰 물고기라 해도 제 몸을 깨끗하게 해 주는 청줄청소놀래기를 잡아먹지는 않아. 가짜청소베도라치는 이런 청줄청소놀래기를 흉내 내지.

가짜청소베도라치

청줄청소놀래기

사는 곳

바닷물고기는 넓고 넓은 바다에서 살아. 그렇다고 바다 아무 데서나 살지는 않지. 물고기들은 저마다 자기가 좋아하는 곳이 따로 있어. 바닷가 가까이에 살기도 하고, 먼바다에도 살고, 바다 밑바닥에서 살기도 하고, 바위 밭이나 산호 밭에도 살지.

바닷가

강어귀　바위 밭　모래　갯벌

강어귀
강물이 바다로 흘러 들어오는 곳이야. 물속에 영양분이 많아서 물고기들이 많이 살아. 바다와 강을 오가는 물고기도 있지.

농어　　뱀장어　　숭어

바위 밭
울퉁불퉁 크고 작은 갯바위가 많은 바닷가야. 돌 틈에 숨어 사는 물고기가 많아. 몸빛도 바위 색깔이랑 비슷한 물고기가 많지.

돌돔　　감성돔　　참돔

모랫바닥
바닥에 모래가 깔린 바다야. 모래 속에 몸을 숨기거나 모래 속을 뒤져 먹이를 찾지.

참가자미　　양태　　넙치

갯벌
바닷물이 빠지면 드러나는 바다 들판이야. 질척질척한 개흙이 넓게 펼쳐지는 펄이지. 펄 속에 물고기가 좋아하는 갯지렁이나 작은 동물이 많아.

전어　　짱뚱어　　말뚝망둥어

산호 밭이나 말미잘 숲
따뜻하고 얕은 바다 밑에는 산호나 말미잘이 숲을 이뤄. 우리나라 제주, 남해에 있어. 산호나 말미잘에 몸을 숨기고 살아.

자리돔　　파랑돔　　흰동가리

연산호 밭

가까운 바다

바닷가에서 배를 타고 나가는 가까운 바다야. 물 깊이가 200m가 안 넘는 바다지. 떼로 몰려다니는 물고기가 많아.

정어리

방어

전갱이

고등어

먼바다

땅에서 멀리 떨어진 바다야. 사방이 온통 바다뿐이지. 바닷물 흐름을 따라 떼로 몰려다니는 물고기가 많아. 작은 물고기 떼를 쫓아다니는 덩치 큰 물고기도 많지. 헤엄을 빠르게 잘 쳐.

청새치

날치

참다랑어

고래상어

깊은 바다

200m보다 깊은 바닷속에 사는 물고기도 있어. 아주 깊은 바다 밑바닥에서 사는 물고기도 있지. 깊은 곳에 산다고 한자말로 '심해어' 라고 해. 빛이 안 들어와서 한 치 앞도 안 보일 만큼 깜깜해. 이곳에 사는 물고기는 사람들이 잡지 않으니까 거의 못 봐. 도끼고기처럼 스스로 빛을 내는 물고기도 있고, 풍선장어처럼 입이 큰 물고기도 있어. 생김새가 사뭇 다른 물고기가 많아.

도끼고기

샛비늘치

풍선장어

세다리물고기

앨퉁이

물 위

얕은 바다

200미터

가운데 바다

2000미터

깊은 바다

바닥

245

떼 지어 다니기

 물고기 가운데 한곳에 가만히 안 있고 여기저기 떼 지어 다니는 물고기가 있어. 한자말로 '회유'라고 해. 바다는 막힌 곳이 없으니까 마음대로 헤엄쳐 돌아다닐 수 있지. 그렇다고 아무 곳이나 떼 지어 다니지는 않아.

알 낳으러 가기

 물고기는 알 낳을 때가 되면 알맞은 곳을 찾아가. 한자말로 '산란회유'라고 해. 얕은 곳에서 깊은 곳으로 가기도 하고, 깊은 곳에서 얕은 곳으로 올라오기도 해. 또 먼 길을 찾아오기도 하고, 강을 거슬러 올라가기도 하지.

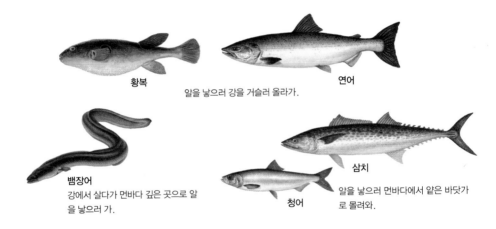

황복

알을 낳으러 강을 거슬러 올라가.

연어

뱀장어

강에서 살다가 먼바다 깊은 곳으로 알을 낳으러 가.

삼치

청어

알을 낳으러 먼바다에서 얕은 바닷가로 몰려와.

먹이 찾아가기

 먹이가 많은 곳을 찾아가는 거야. 한자말로 '색이회유'라고 해.

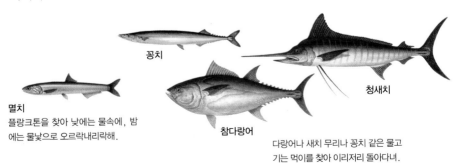

꽁치

청새치

멸치

플랑크톤을 찾아 낮에는 물속에, 밤에는 물낯으로 오르락내리락해.

참다랑어

다랑어나 새치 무리나 꽁치 같은 물고기는 먹이를 찾아 이리저리 돌아다녀.

철 따라 돌아다니기

철이 바뀌면서 바닷물 온도가 바뀔 때 오르내리는 거야. 한자말로 '계절회유'라고 해.

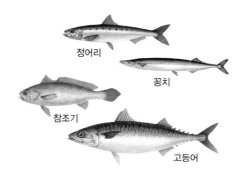

겨울에 남쪽으로 내려오는 물고기야.

여름에 북쪽으로 올라오는 물고기야.

크면서 옮겨 가기

알에서 깨어나 어느 정도 크면 어미가 사는 곳으로 옮겨 가는 거야. 한자말로 '성육회유'라고 해.

방어
새끼는 떼를 지어 바다에 둥둥 떠다
니는 바닷말 밑에 숨어 지내. 몸이
크면 너른 바다로 나가지.

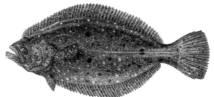

넙치
어릴 때는 물 위를 둥둥 떠다니다가
크면서 밑바닥으로 내려가.

혼자 살기

떼를 안 짓고 혼자 사는 물고기도 있어. 바위틈이나 굴이나 모래밭에 숨어 살지.

능성어   곰치   혹돔

알 낳기

바닷물고기는 대부분 알을 낳아. 한자말로 '난생'이라고 해. 하지만 상어나 조피볼락 같은 물고기는 배 속에 알을 배었다가 새끼를 낳지. 한자말로 '난태생'이라고 해. 노랑 가오리나 망상어는 어미 배 속에서 영양분을 먹고 자란 새끼를 낳아. 한자말로 '태생'이라고 해. 여러 해 사는 물고기는 어른이 되면 해마다 알을 낳아. 하지만 연어처럼 알을 낳은 뒤에 죽는 물고기도 있지.

알

연어
알이 물에 가라앉아.

넙치
알이 물에 둥둥 떠다녀.

쥐노래미
알이 몽글몽글 서로 붙어 덩어리져서 다른 물체에 붙어.

자리돔
알을 낳아 바위에 붙여.

새끼

망상어
망상어나 노랑가오리는 어미 배 속에서 영양분을 받아먹고 자란 새끼를 낳아.

두툽상어
새끼 두툽상어는 단단한 알주머니 속에서 어느 정도 커서 나와.

볼락
볼락이나 조피볼락은 알에서 깨어난 새끼를 낳아.

알 지키기

바닷물고기는 알을 많이 낳아. 알을 많이 낳아야 살아남는 새끼도 많지. 바다에는 눈에 불을 켜고 먹이를 찾아 돌아다니는 물고기가 많아. 알에서 깨어난 새끼 대부분이 잡아먹히고 말지. 대부분 물고기는 알을 낳아도 돌보지 않아. 몇몇 물고기만 알이나 새끼를 돌봐.

문절망둑
구멍을 파서 집을 짓고 그 속에 알을 낳아.

줄도화돔
알을 입에 넣고 다니며 지켜.

가시고기
물풀로 새 둥지처럼 집을 지어서 그 속에 알을 낳아.

해마
수컷 배주머니 속에 알을 넣어서 지켜.

쥐노래미
알을 낳고 새끼가 깨어날 때까지 곁을 지켜.

참돔, 대구
알을 수백만 개씩 낳아. 알을 낳으면 뒤도 안 돌아보고 떠나.

성장

알에서 깨어난 새끼는 모습을 바꾸면서 어른이 돼. 알에서 갓 깨어난 새끼는 배에 노른자를 가지고 있어. 이 노른자를 빨아 먹고 살다가 플랑크톤 같은 작은 먹이를 잡아먹기 시작해. 몸집이 커질수록 더 큰 먹이를 잡아먹지.

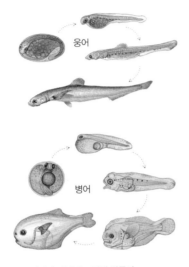

알에서 깨어난 새끼가 크면서 어른이 되는 모습이야.

뱀장어
어릴 때는 몸이 투명한 버들잎 모양이야. 크면서 실처럼 가는 모습이었다가 어른이 돼.

방어나 돗돔 같은 물고기는 크면서 몸빛이 달라져. 어릴 때는 몸에 줄무늬가 있다가 크면 없어져.

넙치
새끼 때는 눈이 양쪽에 있다가 크면서 한쪽으로 쏠려.

나이

　바닷물고기는 한 해를 사는 물고기도 있고, 사람만큼 오래 사는 물고기도 있어. 짧건 길건 모두 한평생을 살면서 제 몸을 지키고 짝짓기를 하고 새끼를 낳아 대를 이어 나가지. 나이를 알려면 물고기 비늘에 난 나이테를 세어 보면 알아.

크기

　바닷물고기는 나이를 먹는다고 몸이 한없이 커지지는 않아. 물고기마다 알맞은 크기로 자라지. 손가락만 한 멸치부터 버스 크기만 한 고래상어까지 몸길이가 저마다 달라.

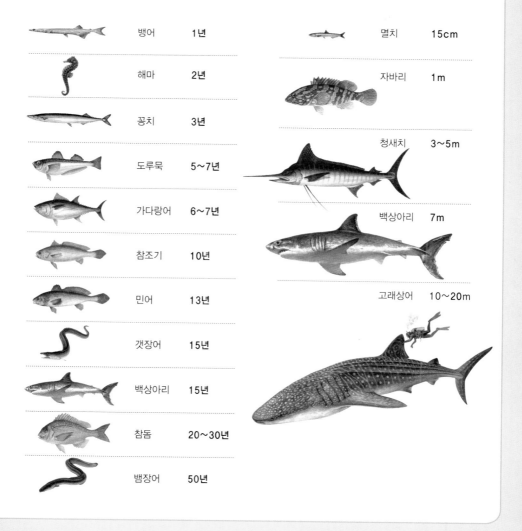

뱅어	1년	
해마	2년	
꽁치	3년	
도루묵	5~7년	
가다랑어	6~7년	
참조기	10년	
민어	13년	
갯장어	15년	
백상아리	15년	
참돔	20~30년	
뱀장어	50년	

멸치	15cm
자바리	1m
청새치	3~5m
백상아리	7m
고래상어	10~20m

먹이

바닷물고기 가운데 토끼처럼 바다풀을 뜯어 먹는 물고기도 있고, 호랑이처럼 다른 물고기를 잡아먹는 물고기도 있어. 작은 플랑크톤만 먹거나, 이것저것 안 가리고 먹는 물고기도 있지.

플랑크톤을 먹는 물고기

고래상어

해마

전어

정어리

이것저것 안 가리고 먹는 물고기

숭어

쥐노래미

참조기

철 따라 바다풀을 먹는 물고기

독가시치

벵에돔

게나 전복을 먹는 물고기

돌돔

혹돔

다른 물고기를 잡아먹는 물고기

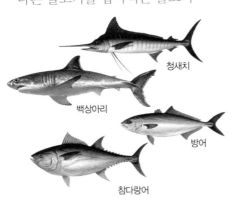

청새치

백상아리

방어

참다랑어

해파리도 먹는 물고기

객주리

개복치

먹이사슬

우리가 이것저것 먹어야 사는 것처럼 바닷물고기도 먹어야 살지. 그러다 보니 힘센 물고기가 힘없는 물고기를 잡아먹어. 힘없는 물고기는 더 힘없는 물고기나 작은 동물 따위를 잡아먹지. 이렇게 서로 먹고 먹히는 관계가 사슬처럼 쭉 이어져 있다고 '먹이사슬'이라고 해. 힘센 물고기가 한 가지 물고기만 먹고 살지 않잖아. 이러저러한 여러 물고기를 잡아먹지. 마찬가지로 힘없는 물고기도 여러 가지 먹이를 먹어. 그러니까 먹이사슬은 서로 그물처럼 얼기설기 얽혀 있어서 '먹이그물'이라고 하지. 힘없이 잡아먹히는 물고기일수록 수가 많아.

백상아리　　　　참다랑어　　　　청새치

몸집이 큰 물고기
자기보다 작은 물고기를 잡아먹어. 사람을 빼면 먹이사슬 맨 위에 있지.

대구　　뱀장어　　참돔　　참홍어

몸집이 조금 큰 물고기
작은 물고기나 작은 새우, 게 따위를 잡아먹지.

멸치　　정어리　　준치　　전어

몸집이 작은 물고기
플랑크톤과 새끼 물고기를 잡아먹어.

식물 플랑크톤
햇빛을 받아 스스로 영양분을 만들어. 땅에서 햇빛과 물과 공기만 있으면 자라는 풀 같아.

동물 플랑크톤
스스로 영양분을 못 만들어. 식물 플랑크톤을 잡아먹지.

새끼 물고기
처음에는 플랑크톤을 먹으며 커. 다른 물고기에게 거의 잡아먹히지.

몸 지키기

힘없는 물고기는 도망가기 바빠. 바위 밭이나 바다 숲에 사는 물고기는 그나마 숨을 곳이라도 있지. 넓은 바다에서 헤엄쳐 다니는 물고기는 숨을 곳도 딱히 없어. 떼로 몰려 다니면 수가 많으니까 그나마 자기가 잡아먹힐 가능성이 적지. 자기 몸을 지키는 재주 가 있는 물고기는 느긋하게 어슬렁어슬렁 다니기도 해.

쏠배감펭

쏨뱅이

미역치

몸에 독가시가 있어서 다른 물고기가
어쩌지 못해.

거북복

가시복

몸에 송곳 같은 가시가 나 있거나 방패
처럼 딱딱한 껍데기로 덮여 있어.

자주복
몸에 독이 있어서 다른 물고기가
잡아먹지를 않아.

세동가리돔
몸 뒤에 커다란 눈알 무늬가 있어. 어
디가 앞인지 헷갈려.

날치
날개 같은 가슴지느러미를 펴고 물 위
로 뛰어올라 하늘을 날듯이 도망가.

전기가오리
몸에서 전기를 일으켜. 잘못 건드리
면 찌릿찌릿 정신을 잃지.

쏠종개 떼
떼로 몰려다녀. 몸에 독가시도 있지.

함께 살기

　물고기 가운데 서로 도우며 함께 사는 물고기가 있어. 한자말로 '공생'이라고 하지. 함께 지내면서 필요한 것을 해 주니까 서로 나쁠 것이 없어.

청소놀래기
청소놀래기는 다른 물고기 몸에 붙거나 이빨에 낀 찌꺼기를 청소해 줘. 그렇게 도와주니까 덩치 큰 물고기도 청소놀래기를 잡아먹지 않지.

흰동가리와 말미잘
말미잘에는 독침을 쏘는 수염이 있어서 다른 물고기는 얼씬도 안 해. 하지만 흰동가리는 끄떡없지. 말미잘은 흰동가리를 지켜 주고, 흰동가리는 말미잘을 깨끗하게 청소해 줘.

빨판상어와 동갈방어
빨판상어와 동갈방어는 덩치 큰 물고기에 붙어 함께 살아. 덩치 큰 물고기가 흘리는 찌꺼기를 받아먹고 살지. 받아먹기만 하지 뭐 해 주는 것은 딱히 없어. 그냥 얹혀사는 거야.

동갈방어

빨판상어

우리 이름 찾아보기

학명으로 찾아보기

참고한 책

단행본

《조선의 바다》 국립출판사, 1956
《우리나라의 바다》 리길연 외, 국립출판사, 1960
《우리나라의 수산 자원》 경공업잡지사, 1960
《수산 편람 - 어로편》 수산신문사, 1962
《한국동물도감-어류》 문교부, 1961
《바다이야기》 강명환, 과학지식보급출판사, 1963
《조선의 어류》 최여구, 과학원출판사, 1964
《한국어도보》 정문기, 일지사, 1977
《조선 동해 어류지》 손용호, 과학백과사전출판사, 1980
《동물원색도감》 과학백과사전출판사, 1982
《한국민족문화대백과사전》 한국정신문화연구원, 1995
《동의보감 5 - 탕액침구편》 허준, 여강출판사, 1995
《물고기의 세계》 정문기, 일지사, 1997
《조기에 관한 명상》 주강현, 한겨레신문사, 1998
《배타적경제수역 주요 어업자원의 생태와 어장》 국립수산과학원, 2000
《바닷가 생물》 백의인, 아카데미서적, 2001
《한국해산어류도감》 김용억 외, 한글, 2001
《한국해양생물사진도감》 박홍식 외, 풍등출판사, 2001
《우리바다 어류도감》 명정구, 다락원, 2002
《우리바다 해양생물》 제종길, 다른세상, 2002
《한국의 바닷물고기》 최윤 외, 교학사, 2002
《어류의 생태》 김무상, 아카데미서적, 2003
《우해이어보》 김려, 도서출판 다운샘, 2004
《해양생물대백과》 한국해양연구원, 2004
《한국어류대도감》 김익수 외, 교학사, 2005
《조선동물지 어류편(1,2)》 과학기술출판사, 2006
《주강현의 관해기1-남쪽바다》 주강현, 웅진지식하우스, 2006
《현산어보를 찾아서(1~5)》 이태원, 청어람미디어, 2007
《내가 좋아하는 바다생물》 김웅서, 호박꽃, 2008
《세계의 바다와 해양생물》 김기태, 채륜, 2008

《바다생물 이름 풀이사전》박수현, 지성사, 2008
《한국의 갯벌》고철환, 서울대학교출판부, 2009
《세밀화로 그린 보리 어린이 동물 도감》남상호 외, 보리, 1998
《인생이 허기질 때 바다로 가라》한창훈, 문학동네, 2010
《자산어보》정약전, 지식산업사, 2012

잡지
《낚시춘추》
《바다낚시》
《월간 낚시21》

외국 책
《原色 日本 魚類圖鑑》蒲原稔治, 保育社, 1960
《Fishes of Japan》Tetsuji Nakado, 東海大學出版會, 2002

그림 | 조광현

조광현 선생님은 1959년 대구에서 태어나 홍익대학교에서 서양화를 공부했습니다. 틈나는 대로 바닷속에 들어가 물고기 구경하기를 좋아해서, 바닷속 물고기들이 어떻게 생기고 어떻게 살아가는지 두 눈으로 봐 두었다가 그림을 그렸습니다. 그린 책으로 《세밀화로 그린 보리 어린이 갯벌 도감》, 《세밀화로 그린 보리 큰도감 바닷물고기 도감》, 《갯벌, 무슨 일이 일어나고 있을까?》 들이 있습니다.

글 | 명정구

명정구 선생님은 1955년 부산에서 태어나, 어릴 때부터 바닷가에서 물고기를 잡으며 놀았습니다. 어릴 때 꿈을 좇아 부산수산대학교에 들어가 바닷물고기를 공부하고, 지금은 한국해양연구원에서 우리 바다와 바닷물고기를 연구하고 있습니다. 그동안 쓴 책으로 《세밀화로 그린 보리 큰도감 바닷물고기 도감》, 《우리바다 어류도감》, 《제주 물고기 도감》, 《울릉도, 독도에서 만난 우리 바다 생물》, 《바다목장 이야기》, 《꿈의 바다목장》 들이 있습니다.